Spennrath-Kirstein

Bau und Wirkungsweise der elektrischen Maschinen.

II. Teil.

Grundlagen der Elektrotechnik

von

O. Kirstein

Beratender Ingenieur.

Dritte neubearbeitete Auflage von:
Die Bedienung und Wartung elektrischer Anlagen und Maschinen

von

Jos. Spennrath

weil. Direktor der städt. gew. Schulen usw. in Aachen.

I. Teil: Einführung in die Grundlagen der Elektrotechnik.
II. Teil: Einführung in den Bau und die Wirkungsweise der elektrischen Maschinen.

Berlin W
Verlag von M. Krayn.
1923.

Einführung in den Bau und die Wirkungsweise der elektrischen Maschinen

von

Joseph Spennrath.

Dritte neubearbeitete Auflage

von

O. Kirstein.
Beratender Ingenieur.

Mit 132 Abbildungen im Text.

Berlin W
Verlag von M. Krayn.
1923.

Inhaltsverzeichnis.

Gleichstrommaschinen.

Bei den Gleichstrommaschinen unterscheiden wir praktisch in Dynamomaschinen, welche durch mechanische Bewegung zur Erzeugung von Gleichstrom benutzt werden,

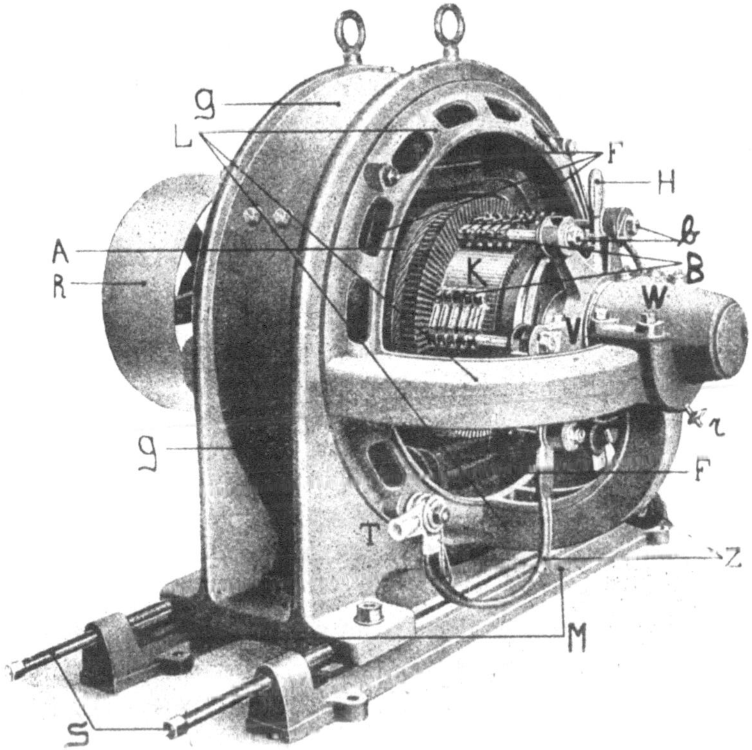

Fig. 1.

und in Gleichstrommotoren, welche durch Aufnahme von Gleichstrom in Umdrehung gesetzt werden und zum Antrieb von Arbeitsmaschinen dienen.

Ganz streng genommen, gibt es keine Gleichstromdynamos, da in der Dynamo selber Wechselstrom fließt, welcher erst bei dem Austritt aus der Maschine durch den Kommutator in Gleichstrom umgewandelt wird.

In Fig. 1 ist eine Gleichstrommaschine in Ansicht dargestellt. Sie hat folgende Teile:

1 den Anker A,

2. die Bürsten mit den Bürstenhaltern B und Bürstenbolzen b,

3. die Feldmagnete F,

4. das Gehäuse G,

5. den Handgriff H zum Verstellen der Bürsten auf dem Kollektor,

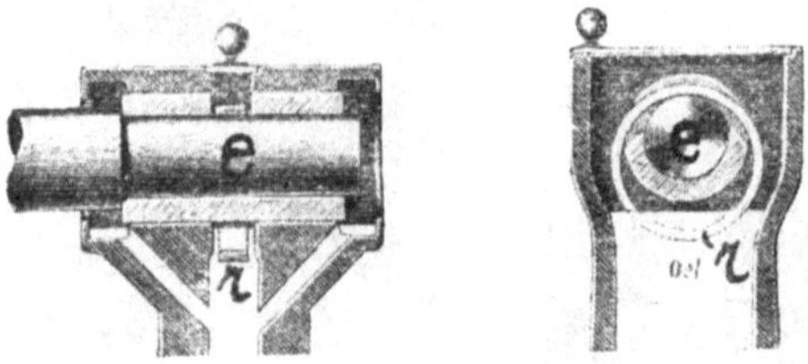

Fig. 2.

6. den Kollektor K,

7. die Lagerschilder L,

8. die Spannschienen M,

9. die Riemenscheibe R, welche auf der Ankerachse sitzt,

10. die Stellschrauben S für das Anspannen der Spannschienen M,

11. die Kabelschuhe T (Maschinenklemmen) zum Anschließen der nach der Schalttafel führenden Leitung,

12. die Bürstenträger V,

13. die Achslager W, (Fig. 2 zeigt diese im Schnitt).

14. die Verbindungsleitungen Z zwischen den Bürsten B und den Maschinenklemmen T,

15. eine Ölablaßvorrichtung r.

Der Anker.

Der Anker besteht aus vielen kreisrunden 0,3—0,5 mm starken Blechen aus weichem Eisen, welche zur Verhinderung des Auftretens von Wirbelströmen auf beiden Seiten mit

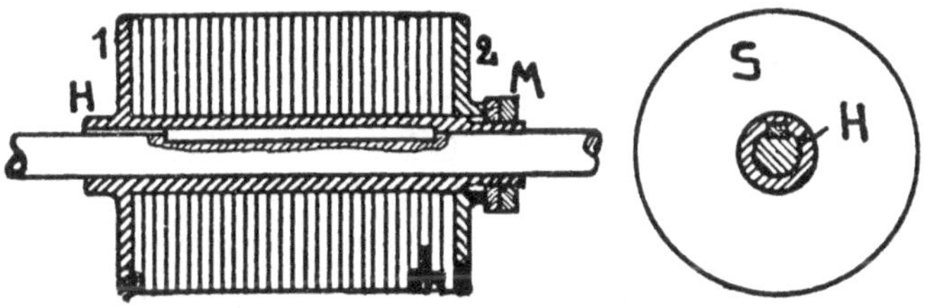

Fig. 3.

Papier gegeneinander isoliert werden (Fig. 3). Auf diese Weise wird ein Zylinder hergestellt, der um seine Welle gedreht wird. Um die Erwärmung dieses Ankers zu vermindern, werden bei größeren Ankern Schlitze eingebaut, welche senkrecht zur Welle angeordnet sind. Die Luft wird durch die Zentrifugalkraft nach außen geschleudert, wodurch eine Abkühlung des Innern des Körpers erfolgt

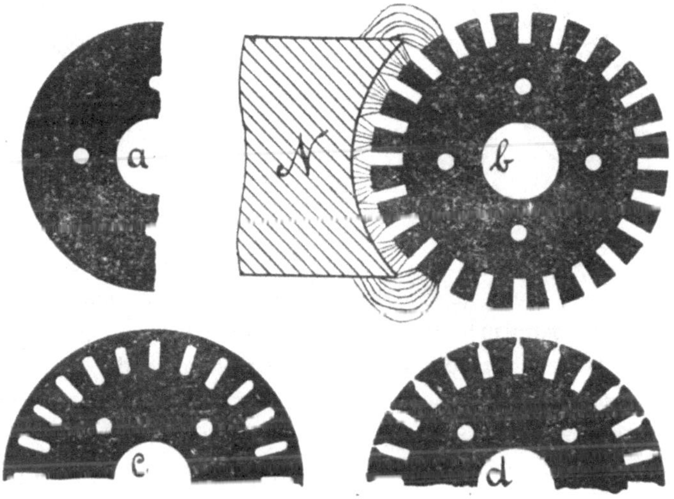

Fig. 4.

Die Anker werden eingeteilt in glatte und Nutenanker. Die glatten Anker (Fig. 4a) tragen die Drähte auf der glatten Oberfläche. Bei den Nutenankern (Fig. 4b—d) unterscheiden wir drei Arten

mit offenen Nuten (Fig. 4 b)
mit geschlossenen Nuten (Fig 4 c)
mit halbgeschlossenen Nuten (Fig. 4 d).

Diese Nuten werden meist in die einzelnen Bleche vor dem Zusammenbau gestanzt. Offene Nuten können auch in den fertiggestellten Körper gefräst werden Glatte Anker werden fast gar nicht mehr hergestellt. Es muß die Wicklung auf ihnen durch Bandagen ganz besonders gegen Verschiebung gesichert werden

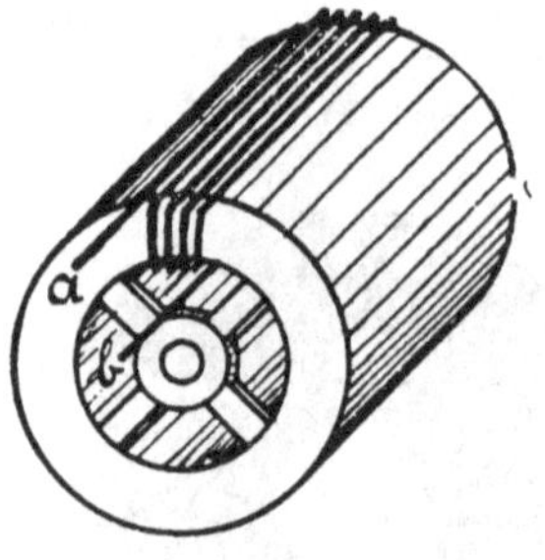

Fig. 5.

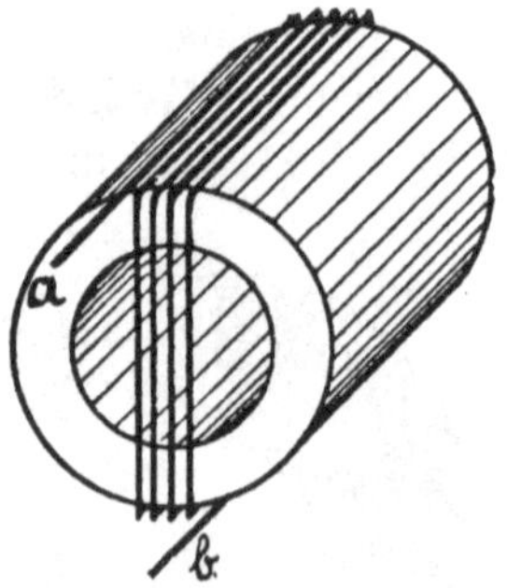

Fig 6.

Bei Nutenankern nehmen die Kraftlinien ihren Weg durch die Zähne (Fig. 4 b), wodurch der magnetische Widerstand sehr erhöht wird Trotzdem werden sie offenen Ankern vorgezogen, da sie betriebssicherer sind

Innenpolmaschinen haben Anker aus Blechscheiben, welche am inneren Umfang mit Nuten versehen sind.

Nach der Art der Wicklung unterscheidet man Ringwicklung und Trommelwicklung

Bei der Ringwicklung wird ein isolierter Kupferdraht ununterbrochen um den Anker gewickelt (Fig 5), während bei Trommelwicklung die Drähte alle auf einer Seite des Ankers, und zwar bei Außenpolmaschinen nur auf der Außenseite (Fig. 6 und Fig. 7), bei Innenpolmaschinen auf der

Innenseite (Fig. 8) liegen. Die Spulen brauchen, im Gegensatz zur Ringwicklung, nicht unmittelbar auf den Anker gewickelt zu werden, ihre Herstellung kann vielmehr vorher auf Schablonen erfolgen, wodurch die Herstellung und etwaige Reparatur eine einfachere ist als bei der Ringwicklung.

Entsteht in einer Spule z B ein Fehler, so kann die betreffende Spule leicht ausgewechselt werden.

Moderne Maschinen haben Trommelwicklung auf Nutenankern.

Die Wicklung wird aus gut isolierten Kupferdrähten oder Kupferstäben hergestellt. Die Isolation muß eine sehr

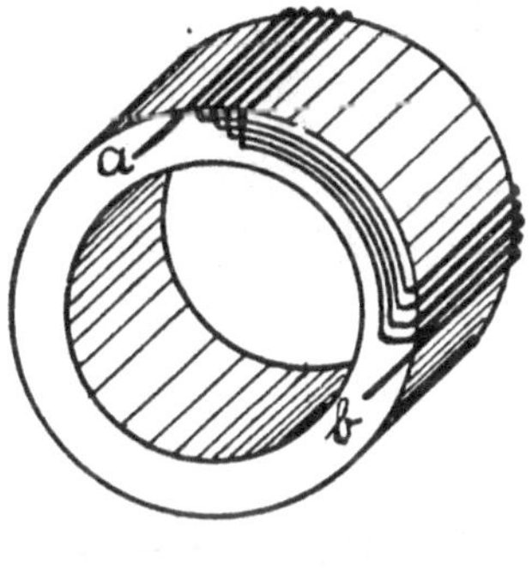

Fig. 7.

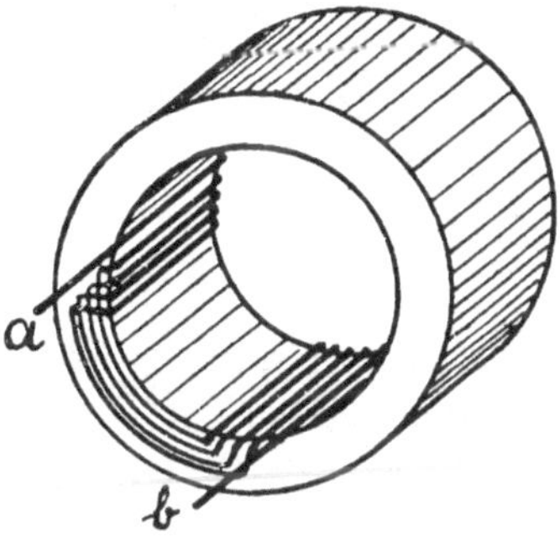

Fig. 8.

gute sein, um ein Durchschlagen der Isolation der Drähte gegeneinander als auch gegen das Ankereisen zu verhindern.

Die Drähte haben daher eine mehrfache Isolation von Baumwolle, die Stäbe eine Umwicklung mit Leinewand, Papier, Preßspan oder Mikanit.

Um ein Reiben der Isolation der Drähte in den Nuten zu vermeiden, werden die Nutenwandungen mit Preßspan, Glimmer oder Mikanit belegt. (Fig. 9)

Der fertige Anker wird mit imprägnierter Leinewand oder Papier, Preßspan oder dergl. umwickelt, worauf der ganze Körper mit Isoliermasse getränkt wird.

Um ein Verschieben der Drähte infolge der schnellen Umdrehungen auszuschließen, werden die Nuten nach außen hin durch Keile abgeschlossen (Fig. 9 a und d). Über den Anker werden dann starke Bandagen gezogen.

Von den Wicklungen ist die Ringwicklung am leichtesten verständlich. Bei der Trommelwicklung wird der Kupferdraht parallel zur Achse unter einem Pole N in Richtung a b (Fig. 10) hin- und unter dem danebenliegenden Pole S in Richtung c d zurückgeführt. Hin- und Rückleitung nennt man eine **Windung**, mehrere an derselben Stelle neben- oder aufeinanderliegende Windungen eine **Spule**.

a b Fig. 9. c d

Bei der Ringwicklung werden nur in den am äußeren Umfang liegenden Drahtteilen Ströme induziert, da im Innern des Ringes Kraftlinien nicht auftreten. Es kommt somit nur die Hälfte jeder Spule in Frage, bei Trommelwicklung dagegen beide Spulenhälften mit Ausnahme der Verbindungsdrähte b c (Fig 10) an den Stirnseiten zwischen je einer Hin- und Rückführung, welche parallel zu den Kraftlinien bewegt werden. Diese Verbindungsdrähte müssen daher möglichst kurz genommen werden

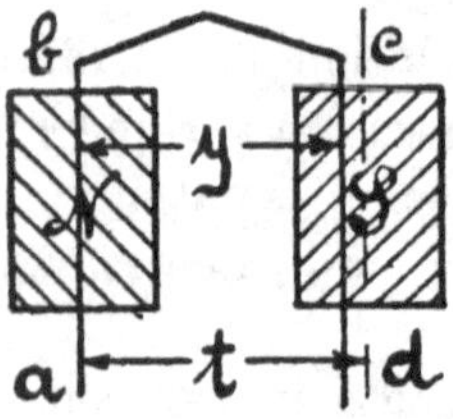

Fig 10.

Die Entfernung y nennt man **Wicklungsschritt**, welcher bei Nutenankern an den Nuten abgezählt werden kann. Er ist am einfachsten etwas kleiner oder größer als die Polteilung t, welche von Polmitte zu Polmitte gerechnet wird.

Der Wicklungsschritt muß größer als die Länge eines Polschuhes sein, um zu verhindern, daß die Spulenseiten gleichzeitig unter einem und demselben Pol liegen, wodurch eine Gegeneinanderschaltung erfolgen würde.

Die Zahl der Spulenseiten, der Nuten und der in ihnen untergebrachten Drähte muß stets eine gerade sein, die Zahl der Wicklungsschritte ist eine ungerade.

Nach den Wicklungsarten unterscheidet man Schleifenwicklung und Wellenwicklung.

Der Kommutator (Kollektor).

Der Kommutator oder Kollektor hat, wie die beiden verschiedenen Bezeichnungen andeuten, zwei verschiedene Aufgaben zu erfüllen. Er verwandelt den im Anker ent-

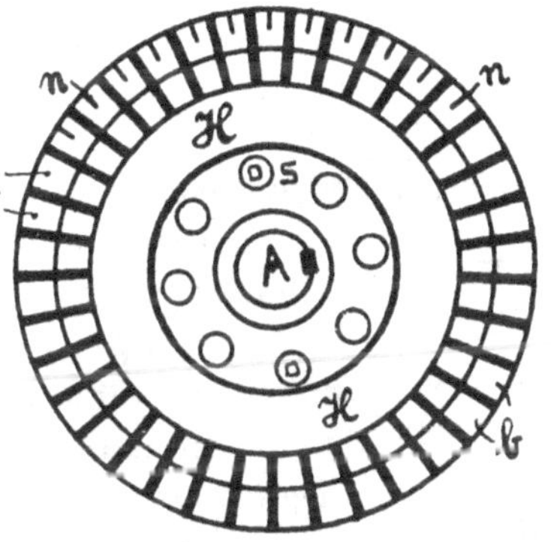

Fig. 11.

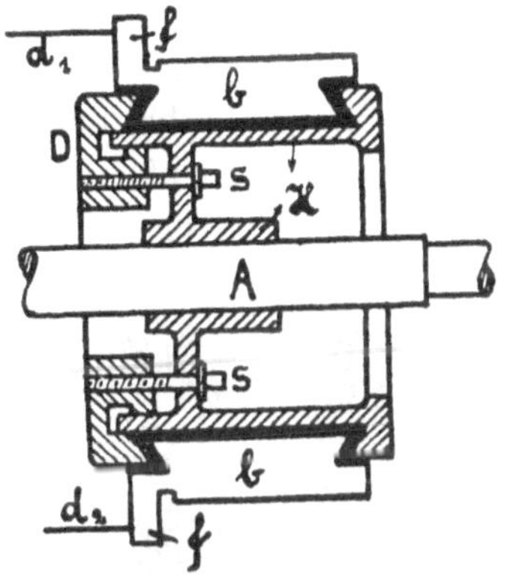

Fig. 12.

stehenden Wechselstrom in Gleichstrom, kommutiert also Wechselstrom in Gleichstrom, dann aber sammelt er die von der Ankerwicklung kommenden Teilströme, er kollektiert diese Ströme.

Der Kollektor besteht aus vielen, voneinander durch Glimmer gut isolierten Blechen aus hartem Kupfer, welche Segmente oder Lamellen genannt werden. Fig. 11 zeigt einen Kollektor in der Ansicht und Fig. 12 im Schnitt. Auf der Welle A sitzt eine gußeiserne Büchse aus zwei Teilen D und H; zwischen beiden sind die Segmente b durch Spannschrauben s festgeklemmt. Die Segmente sind durch 0,2 bis 1,2 mm starke Glimmerscheiben voneinander getrennt. Bei der Herstellung sowohl als auch im Betrieb ist sehr darauf zu achten, daß die ganze Oberfläche des Kollektors vollkommen glatt und rund ist. Es dürfen weder Segmente noch Glimmerscheiben auch nur etwas hervorragen.

Die Segmente b haben nach dem Anker zu Ansätze f, mit welchen die Verbindungsdrähte zwischen Ankerwicklung und Kollektor gut verschraubt oder besser verlötet werden. Haben die Segmente keine derartigen Ansätze, so wird an dem einen Ende jeden Segmentes eine Fahne eingepreßt, mit welcher die Wicklung verbunden wird

Die Bürsten.

Die Bürsten liegen federnd auf dem Kollektor auf und haben die Aufgabe, den Strom von den drehenden auf die feststehenden Teile der Dynamo überzuleiten, oder bei Motoren von dem feststehenden nach den drehenden.

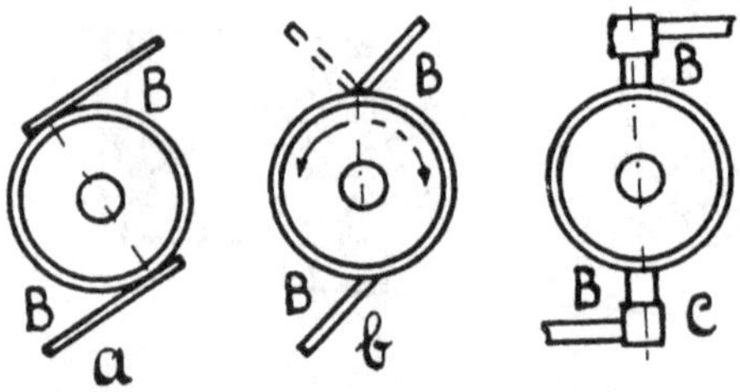

Fig. 13.

Die Anordnung der Bürsten ist

1. tangential anliegend (Fig. 13 a),
2. schräg anliegend (Fig. 13 b),
3. radial anliegend (Fig. 13 c).

Als Material für die Bürsten dient Kupfer oder Kohle oder eine Verbindung von beiden.

Die Kupferbürsten werden aus Kupfergaze oder dünnen Kupferblättchen hergestellt, sie liegen tangential oder schräg auf dem Kollektor. Da sie auf dem Kollektor sehr reiben, haben sie eine große Abnutzung. Soll ein Motor einmal in dem gewöhnlichen entgegengesetzten Drehrinne laufen, so müssen die Bürsten so umgestellt werden, wie es die punktierten Linien in Fig. 13 b zeigen.

Die Kohlenbürsten haben geringere Reibung, außerdem weniger Verschleiß, da sie infolge des zugesetzten Graphits den Kollektor schmieren. Sie werden radial (Fig. 13 c) angeordnet, wodurch man in der Lage ist, die betreffende Maschine ohne jede Bürstenveränderung links oder rechts herum laufen zu lassen.

Da der Übergangswiderstand bei Metall kleiner als bei Kohle ist, müssen Kohlenbürsten eine größere Auflagefläche erhalten, wodurch eine Verringerung der Stromdichte, d. i. die Amperezahl, welche durch 1 qcm hindurchgeht, erzielt wird.

Bei Kollektoren, welche mit einer Geschwindigkeit von 3—10 m/sec laufen, rechnet man bei Kohle mit einer Stromdichte von 3—8, bei Kupfer von 12—33 Amp.

Die den Strom vom Kollektor abnehmenden Bürsten sitzen in Bürstenhaltern (Fig. 1 B), welche auf Bürstenbolzen befestigt sind. Kupferbürsten werden in Blechhülsen festgeschraubt, welche auf dem Halter sitzen. Kohlenbürsten stehen frei in der Hülse und haben durch besondere Drähte mit dem Halter Verbindung

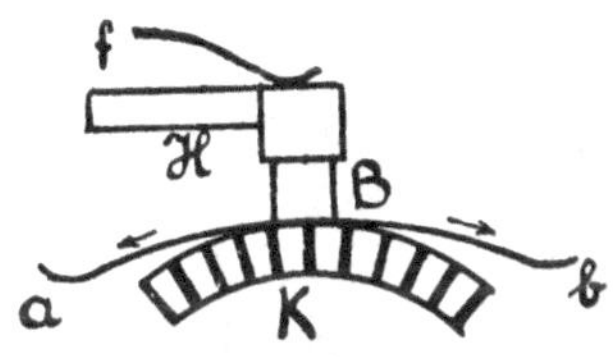

Fig. 14.

Um einen gleichmäßigen Auflagedruck der Bürsten sicher zu stellen, werden die Bürsten durch Spiral- oder Blattfedern an den Kollektor angedrückt und zwar bei Kupferbürsten mit einem Druck von rund 120 g/qcm, bei Kohlenbürsten von rund 140 g/qcm. Bei Maschinen, welche in Räumen stehen, die starken Erschütterungen ausgesetzt sind, wird der Auflagedruck bis auf 250 g/qcm erhöht.

Die Bürstenbolzen (Fig. 1 B) sind durch übergeschobene Isolierbuchsen gegen den Bürstenträger (V Fig. 1) isoliert, welcher durch einen Handgriff H nach beiden Seiten verschoben werden kann

Um eine gleichmäßige Stromdichte auf jeden qcm zu erhalten, muß die Fläche der Bürsten genau auf die Rundung des Kollektors eingeschliffen werden. Man legt hierzu (Fig. 14) zwischen den Kollektor K und die Kohle B ein

Stück Glaspapier a b, so daß die Glasseite die Kohle berührt. Zieht man jetzt das Glaspapier unter starkem Druck hin und her, so wird die Rundung der Kohle der des Kollektors allmählich entsprechen. Man muß gut aufpassen, daß der entstehende Staub sofort beseitigt wird, damit er nicht in die Wicklung kommt und zur Zerstörung der Isolation beiträgt.

Die Magnete.

Das Magnetfeld von Gleichstrommaschinen wird heute stets durch den elektrischen Strom erregt, das Magnetgestell hat jetzt meist eine kreisrunde Form mit unten angegossenen Füßen. Die Achse der Magnete verläuft radial nach innen (Fig. 17) das Magnetgestell wird bei kleineren Maschinen aus Gußeisen, bei größeren Maschinen aus Dynamogußstahl gegossen, die Pole aus Gußeisen, Stahlguß oder lamellierten Blechen, welche in bekannter Weise mit imprägniertem Papier voneinander isoliert werden. Die letztere Anordnung ist die beste, da bei ihr die Wirbelströme ausgeschaltet werden.

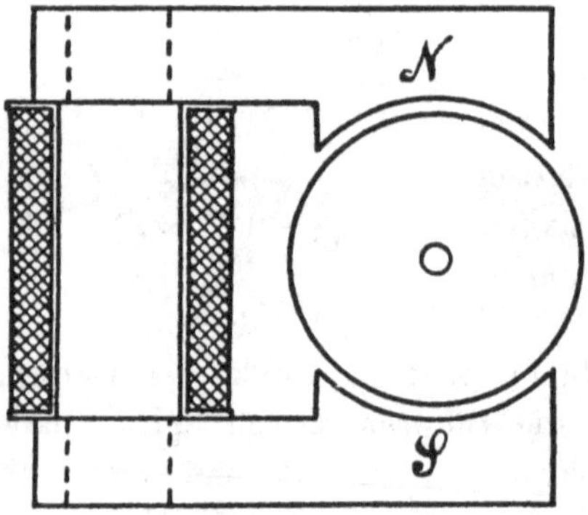

Fig 15.

Massive Polkerne haben einen runden oder ovalen Querschnitt, Polkerne aus lamellierten Blechen einen viereckigen. Am Polkern befindet sich, dem Anker zugewandt, ein Polschuh, aus welchem die Kraftlinien in den Anker eintreten.

Die Spulen der Magnetwicklungen werden auf Spulenkästen gewickelt und dann auf die Schenkel geschoben, wo sie durch Winkel oder Bänder befestigt werden. Die Pole müssen so berechnet werden, daß sie stets gleich stark erregt werden.

Je nach der Zahl der Pole teilt man die Maschinen ein in zweipolige (Fig. 15), vierpolige (Fig. 17), sechs-, acht-, zwölfpolige usw. Nordpol und Südpol müssen be-

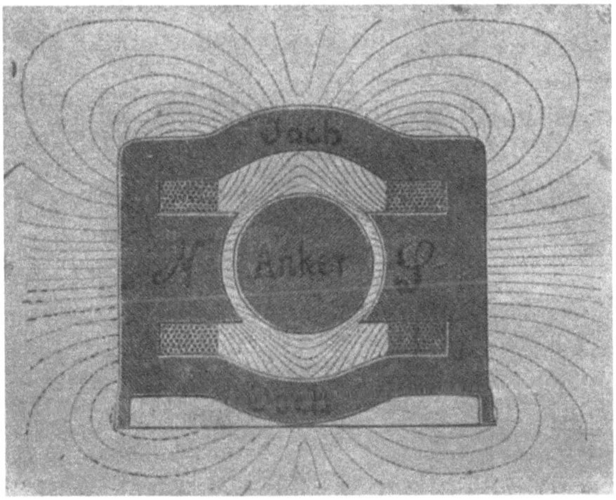

Fig. 16.

ständig wechseln (Wechselpole), die Kraftlinien gehen dann (Fig. 17) vom Nordpol N durch den Anker zum Südpol S, durch das Joch und kehren zum Nordpol zurück, wodurch

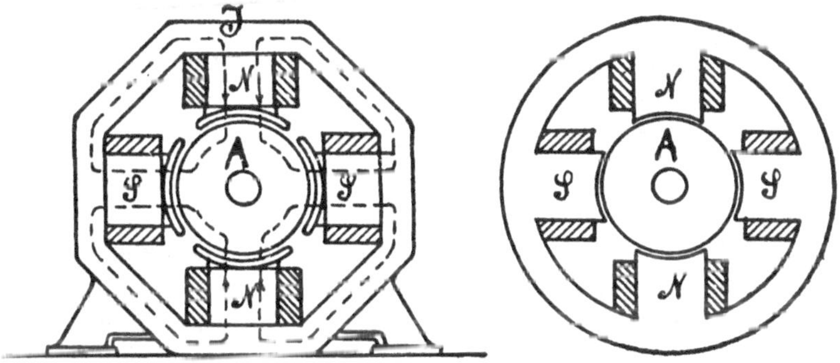

Fig. 17.

ein geschlossener Kraftlinienweg entsteht. Den Kraftlinienverlauf bei einer vierpoligen Maschine zeigt Fig. 17.

Die Amperewindungszahl ist abhängig von den magnetischen Eigenschaften des zur Verwendung gelangenden

Eisens. Da der Luftspalt zwischen Pol und Anker einen erheblichen Teil der Amperewindungen verbraucht, muß man den Luftspalt so klein wie möglich machen. Die Kraftliniendichte soll bei gußeisernem Magnetgestell zwischen 5000 und 8000, bei solchen aus Schmiedeeisen oder Stahlguß zwischen 12000 und 15000 liegen. Die Ankerbleche erhalten Kraftlinien von 5000—10 000, wobei die Zähne der Nutenanker eine solche bis zu 20000 und mehr erhalten.

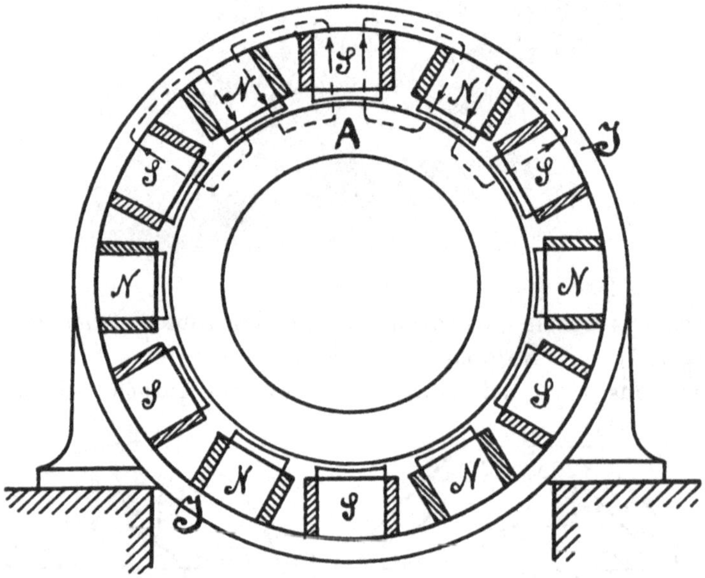

Fig. 18.

Ein Teil der Kraftlinien geht nicht durch den Luftspalt, den Eisenkörper, sondern an anderen Stellen durch die Luft oder andere Teile, wodurch sie für die Induktion verloren gehen (Fig. 16). Man nennt diesen Verlust Streuung.

Wenn auch die modernen Maschinen so gebaut sind, daß die Streuung gering ist, so kann sie doch nie ganz vermieden werden. Um einen Ausgleich zu schaffen, muß die Kraftlinienzahl für die Magnete größer sein als die für den Anker

Das Verhältnis $\frac{\text{Kraftlinienzahl des Magnetes}}{\text{Kraftlinienzahl des Ankers}}$ nennt man Streuungskoeffizient. Derselbe ist bei neueren Maschinen ungefähr 1,1.

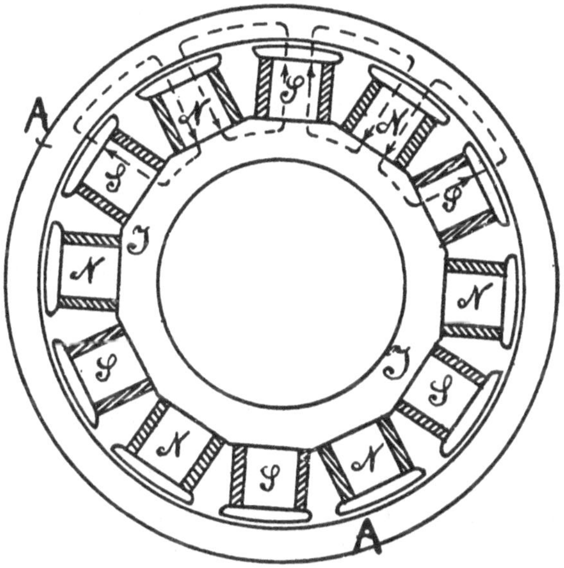

Fig. 19.

In Fig 16 ist dargestellt, wie in einer Maschine die Kraftlinion verlaufen, wir sehen ganz deutlich den Verlauf der Streuung.

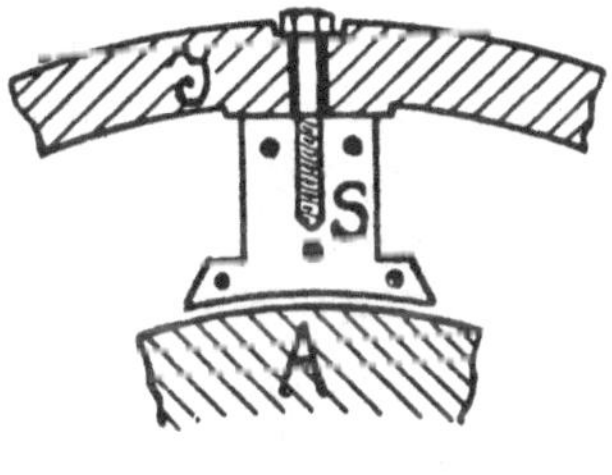

Fig. 20.

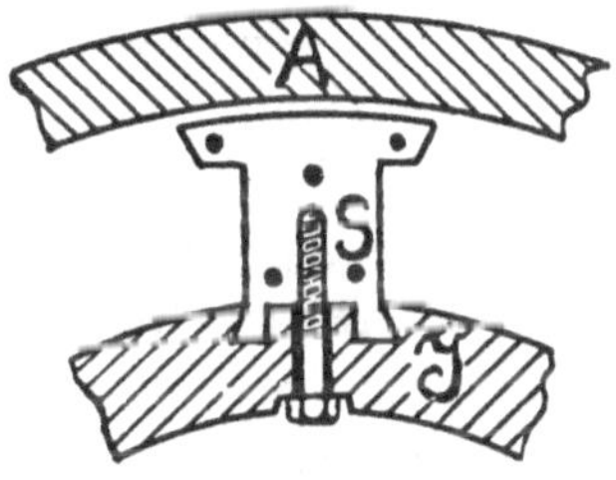

Fig. 21.

Bei Außenpolmaschinen werden die Pole in dem Gehäuse, welches als Joch dient, angeordnet (Fig. 18), die Welle trägt dann den Anker.

Bei Innenpolmaschinen (Fig. 19) sitzen die Pole auf der Welle und rotieren, während der außenliegende Anker, stillsteht.

Der Verlauf der Kraftlinien ist in beiden Figuren durch punktierte Linien angegeben, die Pfeilspitzen zeigen die Richtung der Kraftlinien an.

Fig. 20 zeigt die Anordnung eines Magnetes bei Außenpolmaschinen, Fig. 21 die Anordnung bei Innenpolmaschinen.

Entstehung des Gleichstromes.

Unter Gleichstrom verstehen wir einen Strom, welcher von der Dynamo durch die Leitung zu den Verbrauchsapparaten und von diesen zur Dynamo stets in gleicher Richtung fließt.

Die Ankerdrähte gelangen bei der Drehung nacheinander unter einen Nordpol, einen Südpol, Nordpol usw. Die induzierte EMK hat daher dauernd die entgegengesetzte Richtung. Dieser Vorgang soll nachstehend besprochen werden. In Fig. 22 ist eine zweipolige Maschine dargestellt, Spule I befindet sich vor dem Nordpol, II vor dem Südpol. Infolgedessen fließt der Strom von I und II in der durch Pfeile angedeuteten Richtung. Die Spulenenden stehen mit dem Schleifring 1 und der Bürste a über g, mit Schleifring 2 und der Bürste b über h in Verbindung. Sobald sich der Anker dreht, vereinigen sich die in I und II erzeugten Teilströme bei g, um von dort über 1, a und x zum Netz zu fließen. Nachdem der Strom durch das Netz und den Verbrauchsapparat geflossen ist, kehrt er über y zur Bürste b zurück und fließt von hier über 2 und h zu den Spulen zurück. Der Strom fließt in dieser Richtung so lange, als die

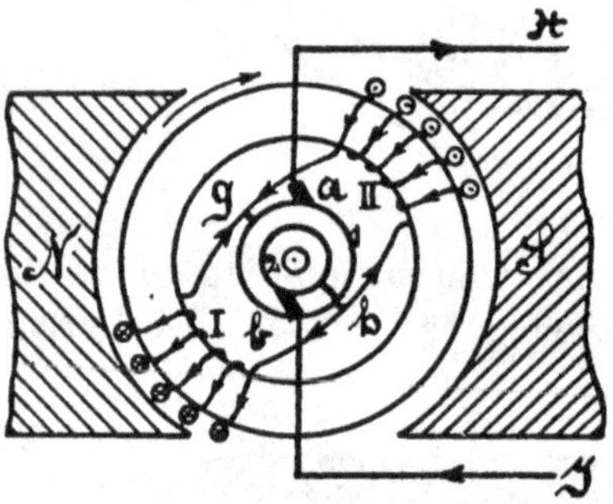

Fig. 22.

Spule I vor dem Nordpol und II vor dem Südpol vorbeilaufen. Sobald die Spulen eine Drehung um 180° vollführt haben, liegt Spule I unter dem Südpol, Spule II unter dem Nordpol (Fig. 23). Sofort erhalten wir eine umgekehrte Stromrichtung gegenüber Fig. 22. Es findet jetzt eine Vereinigung der Teilströme von I und II bei h statt, die vereinigten Ströme fließen zum Schleifring 2, nach Bürste b, in die Leitung y, kehren über x nach Bürste a und Schleifring 1 nach g zurück, um von dort nach I und II zurückzufließen. Hat sich der Anker weiter gedreht, so daß I wieder unter dem Nordpol, II unter dem Südpol liegt, so erhalten wir einen Kraftlinienfluß nach Fig. 22.

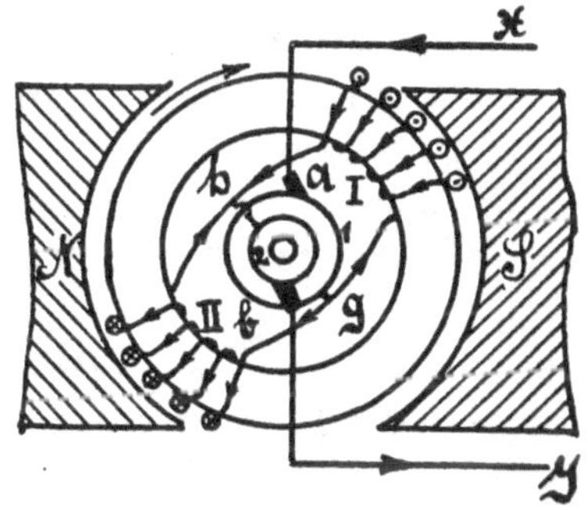

Fig. 23.

Bei jedem Polwechsel erhalten wir somit einen Richtungswechsel des Stromes. Bei einer vollen Umdrehung des Ankers wechselt der Strom zweimal, bei 10 Umdrehungen zwanzigmal und bei 50 Umdrehungen hundertmal in der Sekunde.

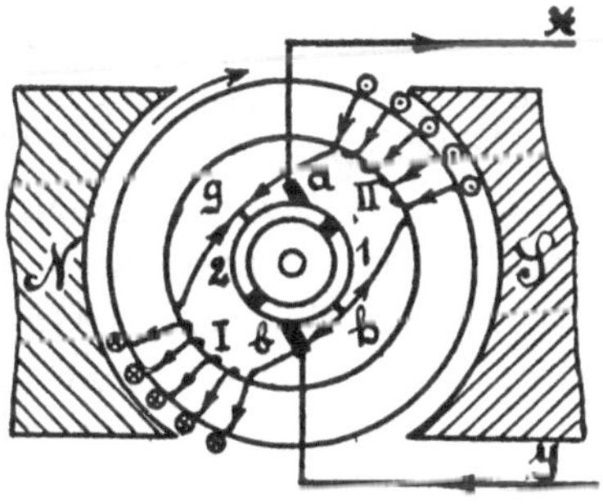

Fig. 24.

Wir erhalten in der Dynamo einen die Richtung wechselnden Strom, welcher in der Leitung die gleiche Richtung behält, wenn bei jedesmaligem Polwechsel die Verbindungen der Spulen mit den Schleifringen vertauscht werden. Um dieses Vertauschen praktisch durchführen zu können, bedienen wir uns eines Kommutators. Dieser Kommutator besteht bei einer zweipoligen Maschine aus zwei gut gegeneinander isolierten metallenen Ringstücken 1 und 2 (Fig. 24 und 25). Das Ende der Spule I und der Anfang von II werden fest mit dem Segment 2, das Ende von II und der Anfang von 1 fest mit dem Segment 1 verbunden.

Wenn wir jetzt den Anker in Umdrehung versetzen, fließt der Strom von I und II über g zum Segment 2, von dort zur Bürste a und Leitung x in das Netz Von hier gelangt der Strom über Leitung y zur Bürste b, zum Segment I und von hier aus über h zu I und II.

Gelangen die Spulen jetzt vor die entgegengesetzten Pole (Fig. 25), so erhalten die Segmente 1 und 2 von selber die umgekehrte Verbindung mit den Bürsten. Der Stromfluß ist jetzt über h nach 1, a, x, zum Netz, über y nach b, 2 und g, zu den Spulen zurück. Der Strom fließt jetzt infolge des Einbaues des Kommutators in der Leitung stets in gleicher Richtung.

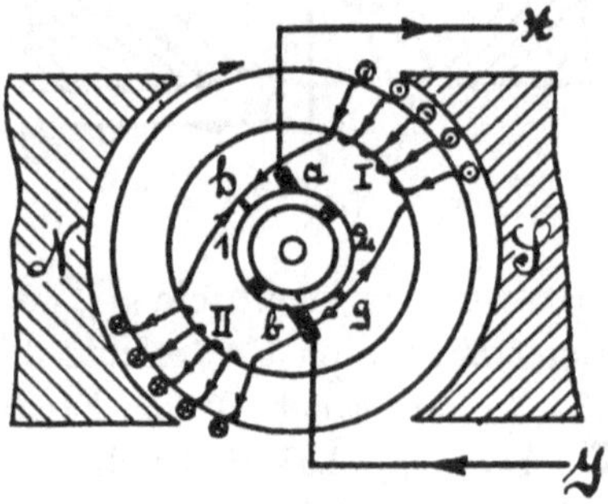

Fig. 25

Die EMK ist während der Umdrehung des Ankers nicht stets gleich groß. In der sog. neutralen Zone liegen die Drähte parallel zu den Kraftlinien, wodurch die EMK gleich Null ist Mit fortschreitender Drehung werden die Drähte immer mehr von Kraftlinien geschnitten, wodurch die EMK allmählich zunimmt, bis sie ihr Maximum erlangt, sobald die Drähte sich gegenüber der Polmitte befinden. Von hier aus tritt wieder eine allmähliche Abnahme der EMK ein, bis bei Eintritt in die neutrale Zone die EMK gleich Null wird Wird der Anker jetzt weiter gedreht, so nimmt die EMK allmählich wieder zu, wobei aber zu beachten ist, daß die Richtung jetzt entgegengesetzt ist. Dieses Spiel wiederholt sich, solange der Anker im Felde bewegt ist. Durch den Kommutator wird bewirkt, daß die Richtung des Stromes, sobald er in das Netz gelangt, dieselbe bleibt.

Die Richtung der EMK ist in Fig. 26 dargestellt. Die Spulen nehmen nacheinander die Lagen a, b, c und d ein, AB gibt den Weg an, welchen die Spule während einer Umdrehung durchläuft. Bei a ist die EMK gleich Null, um, sobald der Anker gegen die neutrale Zone unter einem Winkel von 45° geneigt ist, eine EMK von 80 Volt zu erhalten. Bei 90° erreicht die Windung den Punkt b mit einer EMK von 120 Volt, in der dritten Stellung entspricht die EMK der unter 45°, um bei c auf Null herabzugehen, im Punkt d ist der Winkel gleich 270°, die EMK hat den Wert von 120 Volt, um bei B wieder den Wert Null zu erhalten.

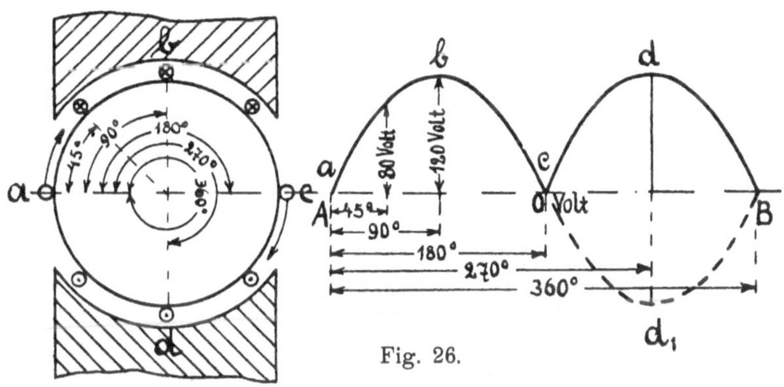

Fig. 26.

Haben wir Schleifringe, so arbeitet die EMK im zweiten Teile der Umdrehung im entgegengesetzten Sinne, wir erhalten dann die Linie c, d, B.

Die ganze Linie Abcd₁B gibt ein Bild des Wechselstromes. Wir haben gesehen, daß die EMK während einer Umdrehung von Null zu einem Maximum anwächst, um dann wieder allmählich auf Null abzunehmen. Im Zusammenhang hiermit steht, daß die Stromstärke gleichfalls von Null zu einem Maximum ansteigt, um dann wieder allmählich auf Null abzunehmen.

Fig. 27 zeigt diesen Vorgang. Solange die EMK gleich Null ist, ist auch der Strom gleich Null. Erreicht die EMK in b ihr Maximum, so hat auch der Strom sein Maximum, in diesem Falle 60 Amp. in c sind EMK und Strom gleich Null, um dann wieder anzuwachsen bis zum Maximum, und dann wieder auf Null abzunehmen, worauf sich das Spiel wiederholt. Fig. 27 zeigt die Kurve der Abhängigkeit des Stromes von der EMK, wobei die ausgezogene Kurve für Gleichstrom, die von A bis c ausgezogene und von c bis B gestrichelte Kurve für Wechselstrom gilt.

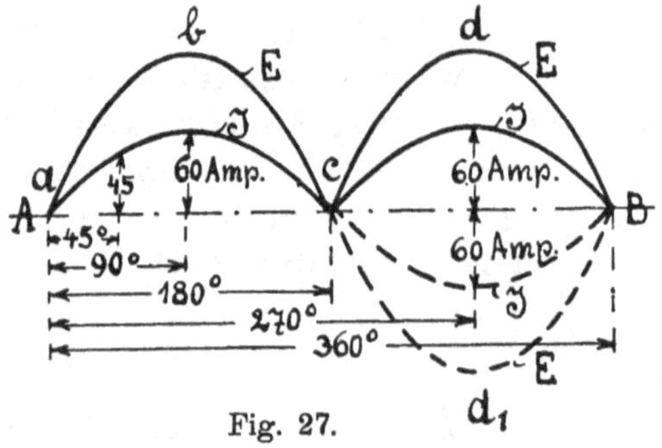

Fig. 27.

Je größer die Zahl der Kommutatorsegmente und der damit verbundenen Spulen ist, um so gleichmäßiger ist die EMK und die dadurch bedingte Stromstärke.

Ankerwicklungen.

Die einfachste Wicklung ist die Ringwicklung. Sie wurde zuerst von Pacinotti im Jahre 1860 und dann im Jahre 1869 von Gramme hergestellt.

Die isolierten Drähte werden (Fig. 28) fortlaufend um das Ankereisen gewickelt, bestimmte Punkte der Wicklung mit je einem Kollektorteil verbunden. Die Zahl der Wicklungsteile entspricht der Zahl der Kollektorteile, in der Figur sind die Wicklungsteile mit I—VI, die Kollektorteile von 1—6 numeriert. Von der Verbindungsstelle des Endes einer Spule mit dem Anfang der benachbarten führt stets eine Verbindung zu einer Lamelle, so z. B. die Verbindung von I und II zu Kollektorsegment 1.

Die Zahl der Wicklungen ist stets eine gerade, demnach 4, 8, 10 usw. Von ihnen ist die Hälfte bei der Stromerzeugung stets parallel geschaltet, in jeder Hälfte liegen die einzelnen Spulen mit ihren Windungen hintereinander. In Fig. 28 sind 30 wirksame Drähte vorhanden, von ihnen liegen 15 vor dem Nordpol, 15 vor dem Südpol hintereinander geschaltet Durch die EMK der Spulen I,

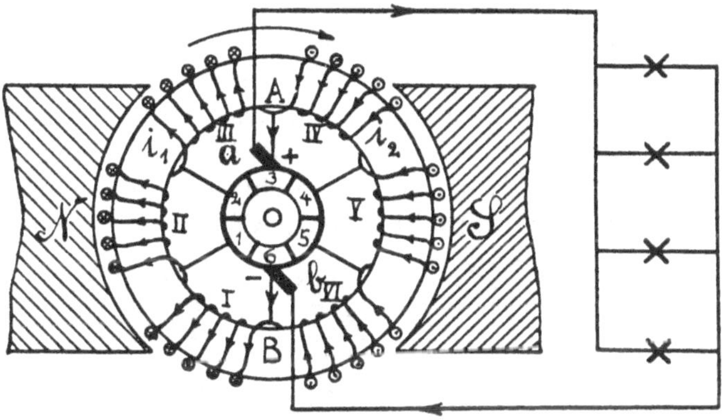

Fig. 28.

II und III getrieben, fließt vom Nordpol ein Teilstrom i_1 nach Punkt A, die EMK von IV, V und VI treibt einen gleich großen Strom i_2 vom Südpol nach A, beide Ströme vereinigen sich dort zu dem Strom J, welcher über das Segment 3 zur positiven Bürste a und von dort in das Netz fließt. Von hier gelangt der Strom zur negativen Bürste b, über das Segment 6 zum Punkte B zurück, wo sich der Strom J in seine beiden Teilströme i_1 und i_2 zerteilt.

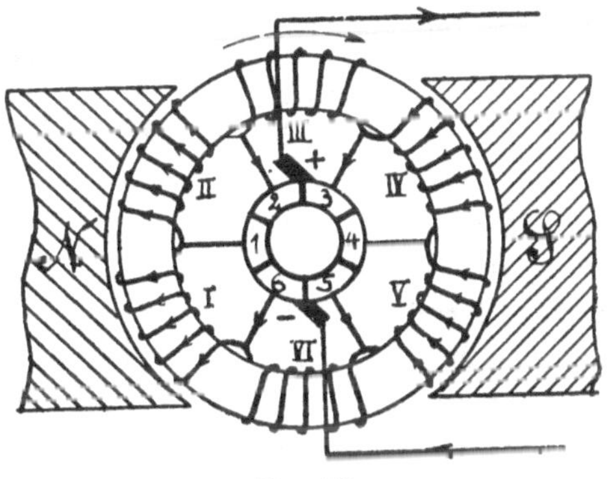

Fig. 29.

Hat sich der Anker um 30° gedreht, so erhält er die in Fig. 29 dargestellte Lage. Die Spulen III und VI befinden sich jetzt in der neutralen Lage, in ihnen wird somit kein Strom erzeugt. ·I und II befinden sich vor dem Nordpol, IV und V vor dem Südpol. Die EMK, welche in den Spulen I und II erzeugt wird, ist kleiner als die in den Spulen I, II und III (Fig. 28) erzeugte EMK. Die Bürste a liegt über den Segmenten 2 und 3 Der in I und II entstehende Strom fließt über Segment 2 zur Bürste a, ebenso der Strom aus Spule IV und V kommende über Segment 3 nach a. Die in a zusammenkommenden Ströme fließen durch das Netz, gelangen nach b, 6 zu I und II und über b, 5 zu V und IV zurück Wird der Anker weiter um 30⁰ gedreht, so erhalten wir die in Fig. 28 dargestellten Verhältnisse, wobei aber zu beachten ist, daß jetzt die Spulen VI, I und II vor dem

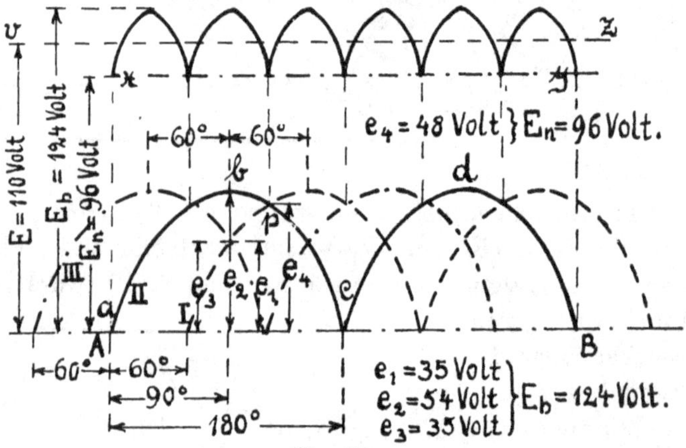

Fig. 30.

Nordpol, die Spulen III, IV und V vor dem Südpol liegen Die Spulen liegen jetzt vor den entgegengesetzten Polen Solange der Anker sich dreht, wiederholt sich dieses Spiel. Die Spannung schwankt stets etwas, da während der Umschaltung immer 2 Spulen in die neutrale Zone gelangen, wodurch sie für die EMK unwirksam werden. In der Praxis ist diese Schwankung jedoch sehr gering, da durch die große Zahl der Segmente und Spulen die Zahl der in der neutralen Zone befindlichen Spulen stets im Verhältnis zur Gesamtzahl eine geringe ist.

In Fig. 30 ist die Entstehung der EMK in einer Gleichstrommaschine dargestellt. AbcdB stellt die Kurve für die

Spule II dar (vgl. Fig. 26). Die größte EMK besitzt diese Spule mit e_2, nachdem sie sich um 90° aus der Neutralen entfernt hat. In Spule I tritt dieser Höchstwert bei einer Drehung um 60° später auf, während sie in III bereits 60° vor II den Höchstwert erreicht hatte. In dem Augenblick, in dem II seinen Höchstwert erreicht hat, ist der Wert in I und III einander gleich. In I nimmt er in diesem Moment zu, in III dagegen ab. In dem Punkte b ist somit die gesamte EMK, welche in den drei Spulen zusammen auftritt, gleich

$$E_h = e_1 + e_2 + e_3 = 124 \text{ Volt.}$$

Ist eine Drehung um 30° bis p erfolgt, so liefern nur 2 Spulen EMKe, Spule II erzeugt jetzt eine EMK e_4, wel-

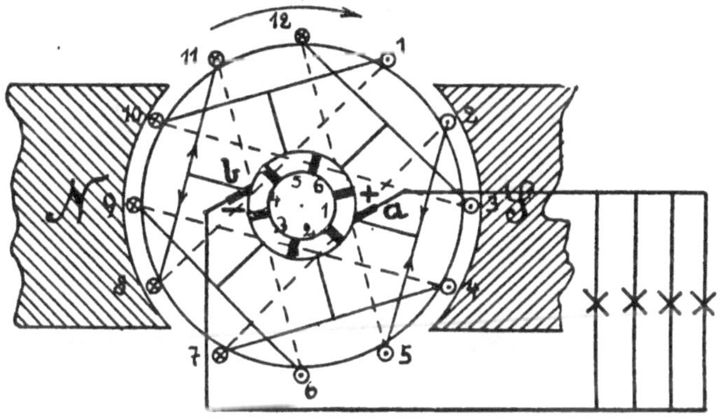

Fig. 31.

che in der Abnahme begriffen ist, I eine EMK e_4, welche im Zunehmen begriffen ist

Die gesamte EMK ist in diesem Punkte

$$E_n = e_4 + e_4 = 96 \text{ Volt.}$$

Die Kurve xy stellt den Verlauf der höchsten EMK E_h und der niedrigsten EMK E_n dar, welche nacheinander in jeder Ankerhälfte auftreten.

Nimmt man von beiden Werten die durchschnittliche EMK E, welche auf das Netz arbeitet, so erhält man eine mittlere Linie vz, deren Wert

$$\frac{E_h + E_n}{2} = \frac{124 + 96}{2} = 110 \text{ Volt ist.}$$

Bei der Trommelwicklung liegen die Drähte nur am Umfange des Ankers, und zwar meist in Nuten. Die Trommelwicklung wird entweder als Schleifenwicklung oder als Wellenwicklung ausgeführt.

Bei der Schleifenwicklung (Fig. 31 u. 32) wird der Draht vor einem Pol, z. B. 2vor dem Südpol nach hinten, an der Stirnseite vorbei in einem bestimmten Wickelschritt y vorwärts als Leiter 7 vor dem Nordpol nach vorn, dann im Schritt y_1 rückwärts als Leiter 4 wieder vor dem Südpol nach hinten, dann als Leiter 9 nach vorn geführt, von dort nach 6, 11 usw. bis alle Nuten gefüllt sind. Die fortlaufende Wicklung bildet eine Schleife.

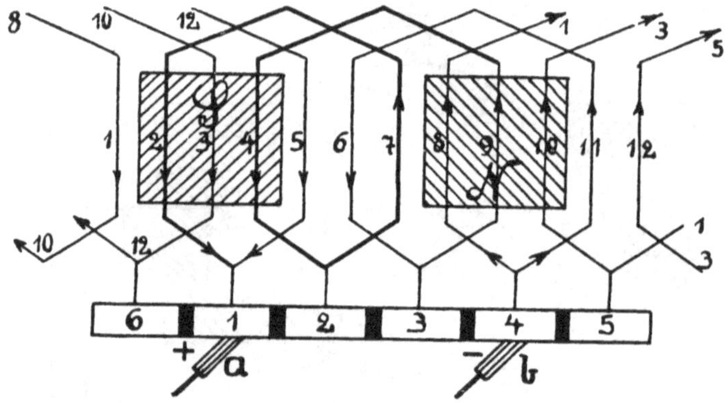

Fig. 32.

Der Schritt y ist stets um 1 größer oder kleiner als die Polteilung, der Schritt y_1 um 2 kleiner als y, y geht nach vorwärts, y_1 nach rückwärts.

Ist die Zahl der Nuten, auch der Drähte bei Stabwicklung und der Spulenseiten bei Spulenwicklung gleich z, so ist

$$y = \frac{z}{2} \pm 1,$$

$$y_1 = y - 2.$$

In den Figuren 31 und 32 ist die Nutenzahl gleich 12, die Leiterzahl = Polteilung z : 2 = 6. Der Schritt y ist um 1 kleiner gewählt, so daß y = 6 — 1 = 5 ist. Der Schritt rückwärts y_1 ist um 2 kleiner, demnach gleich 3. Die Stirnverbindungen vorn und hinten am Anker sind ungleich lang.

In Fig. 32 ist die Drahtverbindung in einer Fläche aufgerollt dargestellt. Von links nach rechts betrachtet, geht die Schleife von Nute 2 nach 7, 4, 9, 6, 11, 8, 1, 10, 3, 12, 5, 2.

Es werden immer zwei Spulenseiten mit je einem Kollektorsegment verbunden, in Fig. 32 ist dies ersichtlich, die Hälfte der wirksamen Drähte ist parallel, die Drähte jeder Hälfte sind hintereinander geschaltet.

In Fig. 32 kommen die von den Drähten 2 und 5 fließenden Ströme an dem Segment 1 zusammen, gehen über die Bürste a in das Netz, durchfließen dieses und kehren

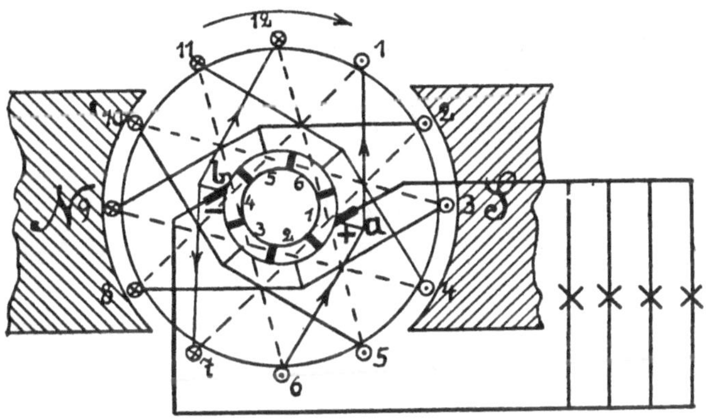

Fig. 33.

über die Bürste b und das Segment 4 in die Drähte 8 und 11 zurück. Wird der Anker weitergedreht, so liegen die Bürsten an den Segmenten 6 und 3, 5 und 2, 4 und 1 usw. an.

Im Gegensatz zu der Schleifenwicklung erfolgt bei der Wellenwicklung die Wicklung immer in demselben Schritt y vorwärts (Fig. 33 u. 34).

Es ist $$y = \frac{z}{2} \pm 1.$$

In dem vorliegenden Beispiel ist $y = \frac{z}{2} - 1 = 5.$

Der Draht 2 wird vor dem Südpol nach hinten, 7 in der 5. folgenden Nut nach vorn vor dem Nordpol, 12 in der 5. folgenden Nut nach hinten, 5 in der 5. folgenden

Nut nach vorn, 10 in der 5. folgenden Nut nach hinten, 3 ebenso nach vorn usw. geführt. Wenn man einen mit einer Wellenwicklung versehenen Anker sich aufgeschnitten und ausgebreitet denkt (Fig. 34), so sieht man, daß die fortlaufende Wicklung eine Welle bildet, und zwar 2, 7, 12, 5,

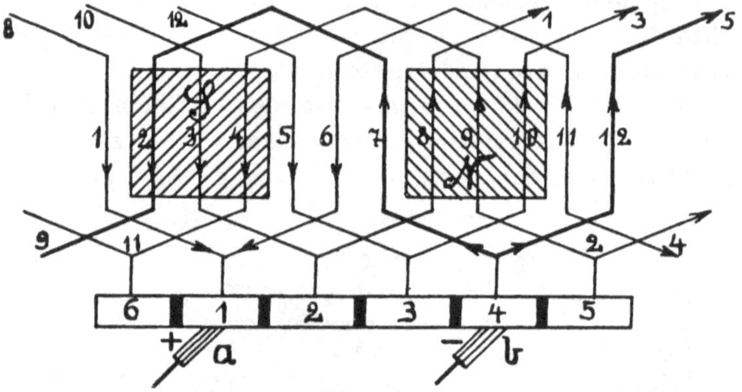

Fig. 34.

10, 3, 8, 1, 6, 11, 4, 9, 2. Es führen stets je zwei zusammengehörige Spulenseiten zu je einem Kollektorsegment. Der Strom wird durch zwei gegenüberliegende Bürsten abgenommen.

Felderregung bei Gleichstrommaschinen.

Nach der Art der Felderregung unterscheiden wir:

1. Hauptstrommaschinen,
2. Nebenschlußmaschinen,
3. Doppelschluß-(Compound-)Maschinen.

1. Hauptstrommaschinen. Bei den Hauptstrommaschinen durchfließt der aus einer Bürste kommende Strom die Magnetwicklung, die Leitung, die Stromverbraucher und dann die Leitung zurück bis zu der anderen Bürste. Anker- und Magnetwicklung sind hintereinandergeschaltet, daher werden die Hauptstrommaschinen auch Serien- oder Reihenschlußmaschinen genannt. In Fig. 35 ist der Stromverlauf dargestellt. Der aus dem Anker kommende Strom

fließt über die Bürste a nach Klemme 3, von dort über den Südpol S nach dem Nordpol N, von hier zur Klemme 1, in die Leitung zum Regulierwiderstand W in das Netz. Hier durchfließt der Strom die Lampen, Motoren usw. und kehrt über die Klemme 2 zur Bürste b zurück, von wo er wieder in den Anker A gelangt

Die Magnetwicklung hat wenige, dicke Drähte, um den Eigenverbrauch der Maschine in der Magnetwicklung möglichst gering (2–5 %) zu halten.

Die EMK von Hauptstrommaschinen hängt unmittelbar von der Belastung ab. Bei großer Stromentnahme entsteht ein starkes Magnetfeld, wodurch im Anker ein starkes Feld

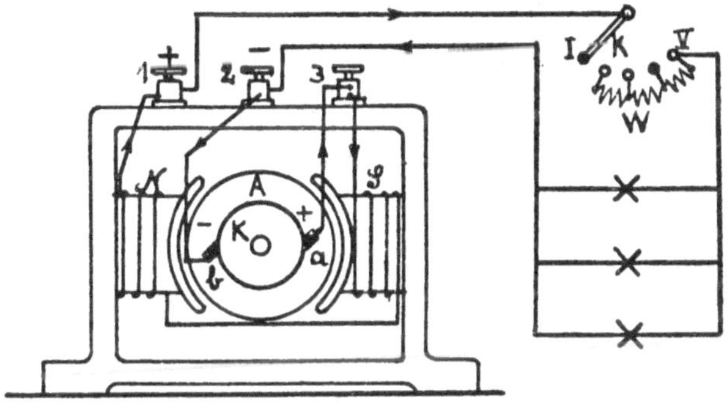

Fig. 35.

induziert wird. Mit abnehmender Belastung sinkt die EMK der Maschine, da die Magnetwicklungen nur einen geringen Strom führen. Die EMK ist abhängig von der Maschinenspannung. Hauptstrommaschinen sind daher nicht brauchbar, wenn es sich darum handelt, konstante Spannung zu halten, auch wenn die Belastung stark schwankt.

Aus diesem Grunde wird in Gleichstromzentralen von Hauptstrommaschinen kein Gebrauch mehr gemacht, es werden vielmehr Nebenschlußmaschinen benutzt.

2. Nebenschlußmaschinen Bei Nebenschlußmaschinen (Fig. 36) fließt der Strom vom Anker über die Bürste a nach der Klemme 3. Hier teilt sich der Strom, indem ein Teil in das Netz fließt, der andere Teil in den Südpol,

von da durch den Nordpol zum Regulierwiderstand W, zur Klemme 1, Klemme 2 und von dort über die Bürste b und den Kollektor K zum Anker A zurück. Der Netzstrom fließt weiter von 3 durch das Netz, die Verbrauchsapparate, zurück zur Klemme 1, Klemme 2 und von hier über die Bürste b und den Kollektor K zurück zum Anker.

Die Erregerwicklung ist hier vollkommen unabhängig von dem Netzstrom, sie liegt parallel zum Netzstrom im Nebenschluß. Die Erregerwicklung liegt unmittelbar an der vollen Maschinenspannung, sie muß, damit die Erregerstromstärke und damit der Eigenverbrauch nicht zu groß wird, einen hohen Widerstand besitzen. Die Wicklung erhält daher stets eine große Länge bei geringem Querschnitt.

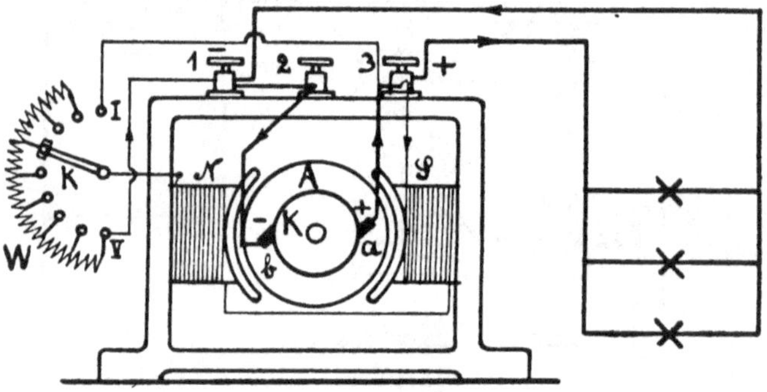

Fig. 36.

Man erkennt Nebenschlußmaschinen schon äußerlich an den zahlreichen dünnen Drähten der Magnetwicklung im Gegensatz zu der Hauptstrommaschine, bei welcher die Magnete wenige aber starke Drähte haben.

In den Windungen der Nebenschlußwicklung entsteht bei der Stromunterbrechung, wie wir gesehen haben, eine Extraspannung, welche die Wicklung leicht durchschlagen und die Kontakte des Regulators verschmoren kann. Um diese Extraspannung unschädlich zu machen, wird (Fig. 36) von dem Kontakt I eine Leitung nach Klemme 3 gelegt. Durch diese Leitung sind wir in der Lage, die Erregerwicklung beim Unterbrechen des Erregerstromes mit der

Kurbel K kurzzuschließen und so den Extrastrom zu vernichten.

Bei den Nebenschlußmaschinen nimmt die Spannung mit zunehmendem Strom ab.

3. Doppelschluß- (Compound-) Maschinen. Wir haben gesehen, daß bei den Hauptstrommaschinen die Spannung mit dem Strom zunimmt, bei den Nebenschlußmaschinen dagegen die Spannung mit zunehmendem Strom abnimmt.

Nimmt man daher eine Maschine und legt auf sie je eine Hauptstrom- und eine Nebenschlußwicklung, so erhält man eine Doppelschlußmaschine, bei welcher die Spannung bei jedem Strom gleich bleibt. Der Strom fließt (Fig. 37)

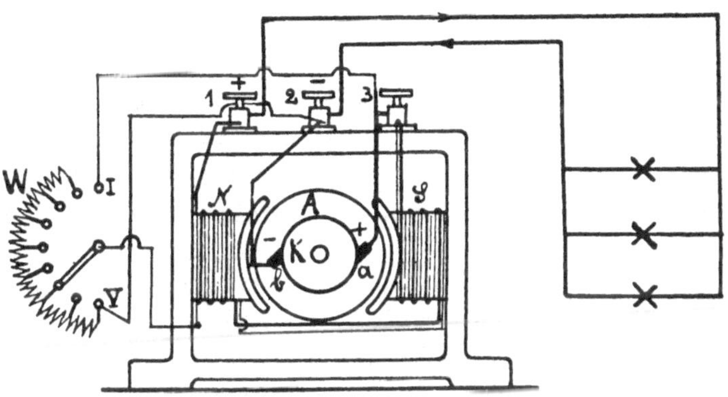

Fig. 37.

aus dem Anker A über den Kollektor zur Bürste a, von hier aus zur Klemme 3. Hier teilt sich der Strom. Ein Teil fließt über den Südpol S zum Nordpol N. Von hier aus gelangt der Strom über die Klemme 1 in das Netz. Dieser Strom bildet den Hauptstrom. Nachdem er das Netz durchflossen, gelangt der Strom über die Klemme 2 zur Bürste b und in den Anker A.

Der Nebenschlußstrom fließt von 3 über den Südpol S zum Nordpol N, von hier aus über den Nebenschlußregulator W zur Klemme 2, um von dort über die Bürste b zum Anker zurückzufließen. I bildet einen Kurzschlußkontakt zur Vernichtung der Extraspannung.

Gelegentlich werden die Compoundmaschinen mit Umschaltern versehen, welche es gestatten, die Nebenschluß wicklung abzuschalten, so daß die Maschine dann als Hauptstrommaschine arbeitet, oder die Hauptstromwicklung abzuschalten, so daß dann die Maschine als Nebenschlußmaschine arbeitet, was z. B. für Laden von Akkumulatoren nötig ist.

Verhalten der drei Maschinen im Betriebe.

Entsprechend dem Aufbau muß jede der drei besprochenen Maschinen im Betriebe ihre Eigenheiten haben. Gemeinsam ist, daß die Klemmenspannung kleiner ist als die im Anker erzeugte EMK, da ein Teil der EMK verloren geht, welcher nötig ist, um den Strom durch die mit Widerstand versehenen Drähte des Ankers hindurchzudrücken.

Mit steigender Stromstärke im Anker steigt auch der Spannungsverlust zwischen den Maschinenklemmen. Die Klemmenspannung muß demnach in diesem Falle gleichfalls abnehmen.

Bei den Hauptstrommaschinen ist die EMK, solange die Maschine nicht auf das Netz geschaltet ist, sehr gering (Fig. 35). K steht noch auf Kontakt I. Lediglich der remanente Magnetismus dient zur Erzeugung der EMK. Sobald der Hebel K auf den Widerstand geschaltet wird, fließt der Strom durch die Magnetspulen und ruft ein Feld hervor. Dieses Feld ist, wie wir gesehen haben, um so stärker, je mehr Strom entnommen wird. Je mehr dieser Strom anwächst, um so mehr nimmt auch die Spannung e zwischen den Klemmen zu, welche den Strom J durch den Ankerwiderstand Wa und den Widerstand der Erregerspulen Wm treibt.

Die Klemmenspannung K ist gleich der EMK E verringert um den Spannungsverlust e,

$$K = E - e.$$

Das Feld und die EMK hängt von der Stromstärke J ab. Von einer für jede Maschine bestimmten Stromstärke ab wird der Spannungsverlust im Innern größer als die durch J erzeugte Zunahme der EMK. Dann steigt die Klemmenspannung nicht mehr mit dem Strom, sondern fällt sehr ab. Fig. 38 zeigt die Charakteristik einer Hauptstrommaschine. Auf der Abszisse OJ ist die der Maschine entnommene Stromstärke aufgetragen, auf der Ordinate OE die Spannung in Volt. Beim Strom $J = O$ ist nur die EMK des remanenten Magnetismus vorhanden, die Kurve E gibt ein Bild von dem Ansteigen der EMK mit wachsendem Strom J. Die Kurve K zeigt das Ansteigen der Klemmenspannung K, bei $J = 45$ erreicht diese ihren Höchstwert und sinkt dann bei weiterer Steigerung des Stromes, so daß sie bei einer Stromstärke von 55 Amp. ungefähr denselben Wert hat wie bei einer Stromstärke von 30 Amp.

Da $K = E - e$ ist, so erhalten wir

$$e = E - K = J\,Wa + J\,Wm$$

und hieraus $K = E - J\,(Wa + Wm)$.

Der Wert e kann aus dem Diagramm für jeden Wert von J und E abgelesen werden.

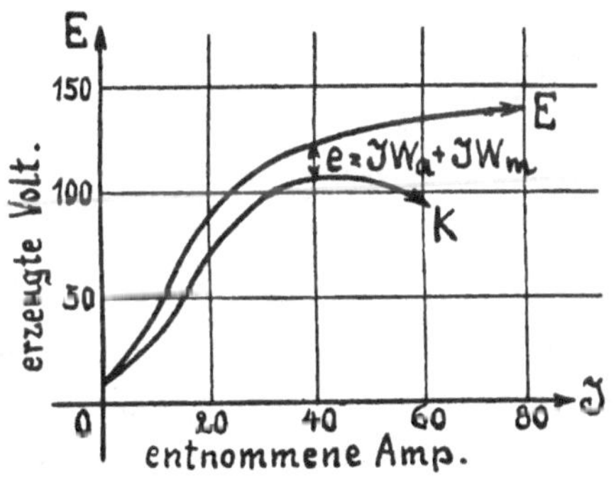

Fig. 38.

Bei den Nebenschlußmaschinen steigt die EMK auch bei offenem Netz bis zu der gewollten Höhe an, da das Magnetfeld unabhängig erregt werden kann. Da der Strom i in der Erregerwicklung sehr klein ist, ist der Spannungsverlust im Anker klein. Sobald die Maschine auf das Netz geschaltet wird, muß die Klemmenspannung herabgehen, da jetzt Strom entnommen wird. Der Erregerstrom wird jetzt kleiner, damit das Magnetfeld und so auch die EMK schwächer. Um diesen Abfall zu verhindern, wird in die Erregerwicklung ein Regulierwiderstand mit sehr feinen Stufen eingebaut. Fig. 36 zeigt diesen Widerstand W. Beim Anlassen wird zuerst durch die Kurbel k Widerstand vor die

Erregerwicklung geschaltet, wodurch die Maschine auf ihre Spannung gebracht wird. Wird das Netz jetzt zugeschaltet, so daß durch die Belastung die Spannung sinkt, so wird allmählich Widerstand abgeschaltet, wodurch eine Erhöhung des Erregerstromes erzielt wird. Hierdurch wächst das Feld, die EMK und die Klemmenspannung. Im Nebenschlußregulator wird im Betriebe so viel Widerstand abgeschaltet, daß der wachsende Erregerstrom die EMK um so viel Volt erhöht, als die Spannung K durch den inneren Widerstand abnimmt.

In Eig. 39 ist die Charakteristik einer Nebenschlußmaschine dargestellt. Die EMK E hat ihren höchsten Wert, wenn der Strom gleich Null ist. Mit wachsendem J nimmt E ab, ebenso K, K schneller als E, und zwar um den Betrag e. Wird mit wachsender Belastung im Nebenschluß Widerstand abgeschaltet, so kann die EMK gesteigert werden, so daß die Klemmenspannung Kr konstant bleibt. Die EMK Er muß stets um so viel höher gehalten werden, als der mit dem Strom J zunehmende Verlust e beträgt.

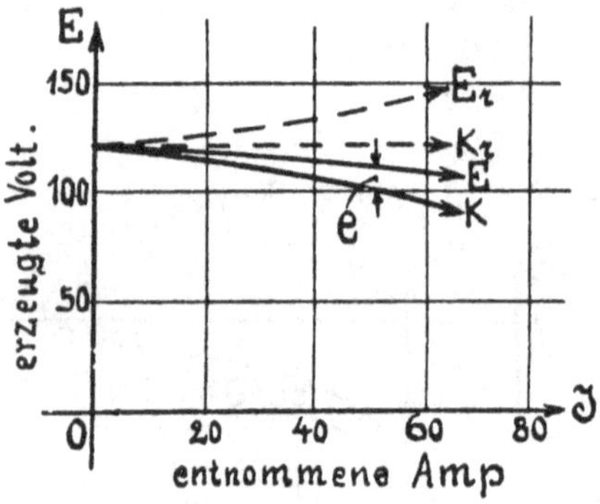

Fig. 39.

Bei den Doppelschlußmaschinen kann man durch entsprechende Bemessung der Haupt- und Nebenschlußspulen erreichen, daß die Spannung bei jeder beliebigen Stromentnahme konstant bleibt. In der Praxis haben sich die Doppelschlußmaschinen jedoch nicht sehr eingebürgert, da sie sich für Ladung von Akkumulatoren und für Parallelbetrieb nicht gut eignen.

Wenn bei einer Doppelschlußmaschine die Klemmenspannung bei Vollast genau so groß ist wie bei Leerlauf, nennt man die Maschine „compoundiert“, ist die Klemmenspannung bei Vollast größer, nennt man die Maschine „übercompoundiert", ist die Klemmenspannung kleiner, so nennen wir die Maschine „untercompoundiert".

Die Feldregulierung erfolgt durch einen Kurbelwiderstand (Fig. 37).

Mehrpolige Maschinen.

Maschinen, welche für größere Leistungen dienen sollen, erhalten nicht nur ein Polpaar, es werden vielmehr deren mehrere angebracht, deren Anordnung symmetrisch um den Anker

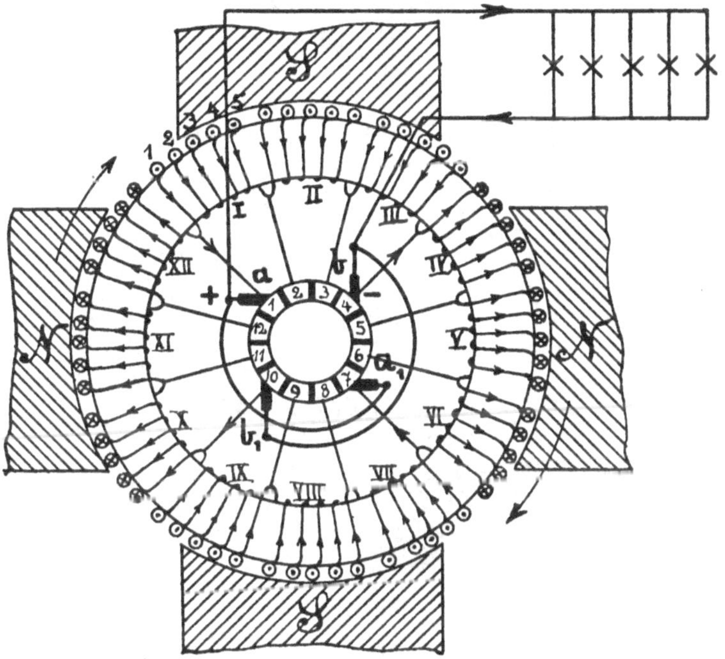

Fig. 40.

erfolgt. Auf einen Nordpol folgt ein Südpol, dann wieder ein Nordpol, ein Südpol usw. Nimmt man die gleiche Anzahl der wirksamen Ankerdrähte, so ist die Leistung einer mehrpoligen Maschine entsprechend größer, und zwar

bei einer vierpoligen Maschine zweimal,
" " sechspoligen " dreimal,
" " achtpoligen " viermal

so groß als bei einer zweipoligen Maschine.

Die Maschinen müssen natürlich dieselbe Umdrehungszahl haben, jedes Polpaar muß dieselbe Kraftlinienzahl erzeugen.

Die Ankerwicklung zerfällt bei mehrpoligen Maschinen in Gruppen, und zwar in so viel Gruppen, als Polpaare vorhanden sind. In jeder Gruppe sind eine bestimmte Zahl

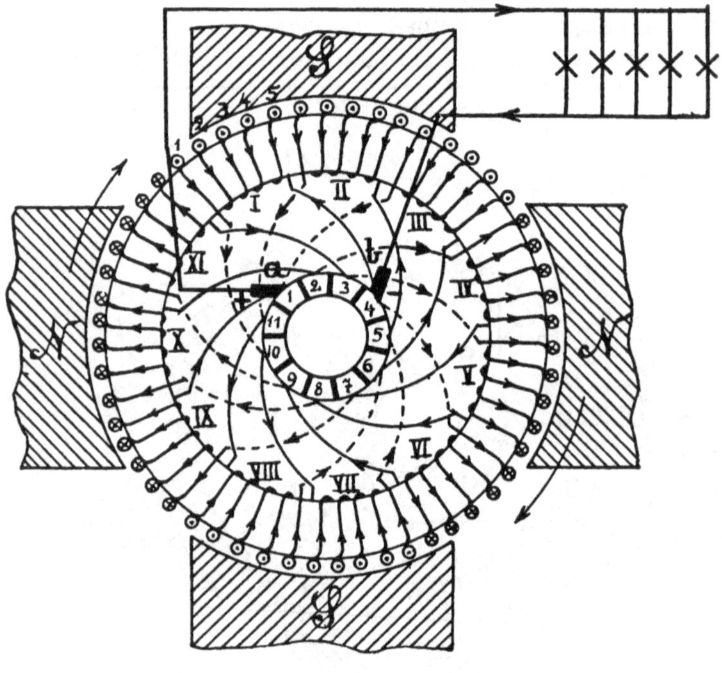

Fig. 41.

von Spulen, deren Drähte hintereinander geschaltet sind. Das Ende einer Spule ist, mit dem Anfang der Nachbarspule vereinigt, zu einem Kollektorsegment geführt, wobei die Zahl der Segmente der Zahl der Spulen entspricht. Die Bürsten liegen auf dem Kollektor in der neutralen Zone auf, welche sich stets zwischen zwei ungleichnamigen Polen befindet.

Werden die Spulen in Parallelschaltung verbunden, so haben wir ebensoviel Bürsten wie Pole. Sämtliche positiven Bürsten werden untereinander verbunden, ebenso alle negativen. Der Anker führt so viel Teilströme als Pole vorhanden sind. Da Fig. 40 eine vierpolige Maschine darstellt, ist der von jedem Pol ausgehende Strom $^1/_4$ des Netzstromes.

Erhält die Maschine Serienschaltung (Fig. 41), so haben wir nur zwei Bürsten. Die einzelnen Spulen sind derartig verbunden, daß je die Hälfte der Spulen in Serie geschaltet ist. Der Anker führt nur zwei Teilströme, welche sich an der Plus-Bürste ansammeln und in das Netz fließen, um über die Minus-Bürste zum Anker zurückzukehren.

Eine mehrpolige Maschine mit Parallelschaltung hat eine Stromstärke, welche um so viel größer ist, als Polpaare vorhanden sind. Die Spannung ist nicht größer als die einer zweipoligen Maschine.

Eine Maschine mit Serienschaltung hat eine um so vielmal größere Spannung, als Polpaare vorhanden sind. Die Stromstärke entspricht der einer zweipoligen Maschine.

In der nachstehenden Tabelle ist angegeben, wie groß die EMK, Stromstärke und Leistung bei verschiedenen mehrpoligen Maschinen sind.

Zahl der Polpaare	EMK bei		Stromstärke bei		Leistung bei Parallel- oder Serien-schaltung
	Parallel-schaltung	Serien-schaltung	Parallel-schaltung	Serien-schaltung	
1	E	E	J	J	E • J
2	E	2 E	2 J	J	2 E • J
3	E	3 E	3 J	J	3 E • J
4	E	4 E	4 J	J	4 E • J
5	E	5 E	5 J	J	5 E • J
6	E	6 E	6 J	J	6 E • J
p	E	p E	p J	J	p E • J

Bezeichnet man mit p die Zahl der Polpaare, so hat eine Maschine 2p Pole.

Wicklung mehrpoliger Maschinen.

In den Figuren 40—46 sind die Wicklungen für vierpolige Maschinen dargestellt.

1. Ringwicklung. In Fig. 40 ist eine mehrpolige Ringwicklung mit Parallelschaltung angegeben. Die Herstellung der Wicklungen und der Verbindungen mit dem Kollektor entspricht genau der, wie wir sie bei zweipoligen Maschinen kennen gelernt haben. Von den vier Bürsten

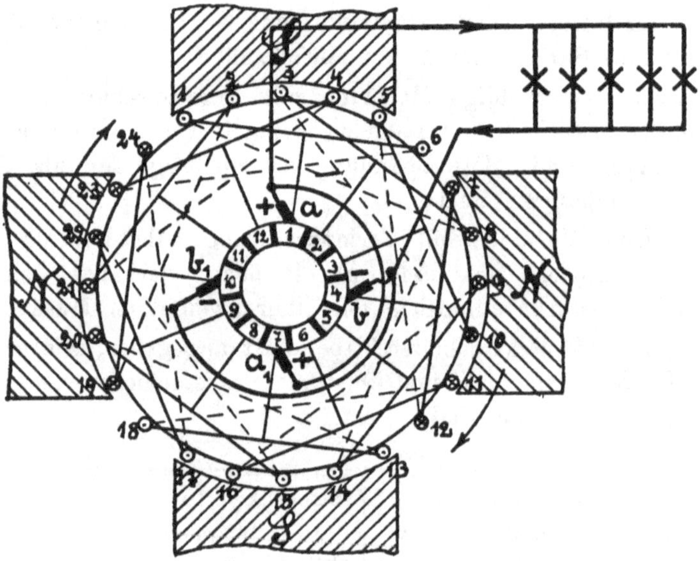

Fig. 42.

sind die Bürsten a und a_1 positiv, die Bürsten b und b_1 negativ. Sie sind so angeordnet, daß sie auf den Stellen liegen, welche die neutrale Zone zwischen zwei Polen bilden. In der Figur sind es die Segmente 1 und 7 für die positiven, 4 und 10 für die negativen Bürsten. Durch die Bürsten erfolgt bei der Drehung des Ankers eine Umschaltung der einzelnen Spulen von einem Pol zum nächsten entgegengesetzten.

Der Stromverlauf in den einzelnen Spulen und im Netz ist durch die Pfeilrichtung angedeutet.

In Fig. 41 ist eine mehrpolige Ringwicklung mit Serienschaltung dargestellt. Die Zahl der Spulen ist eine ungerade, in der Figur sind es 11. Sie werden für sich fertig gewickelt, die Enden werden frei gelassen. Die Zahl der Kollektorsegmente entspricht der der Spulen. Die Hälfte der Spulen ist je in Serie geschaltet, so daß im Anker zwei Teilströme fließen. Das Ende der einen Spule und der Anfang der zu ihr in Serie liegenden Spule werden unmittelbar mit dem Kollektorteil verbunden, welcher gleichen Abstand von ihnen hat.

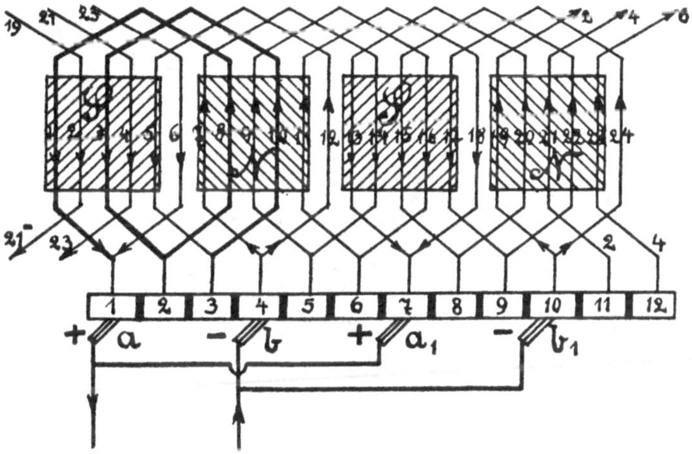

Fig. 43.

In Fig. 41 ergibt sich folgende Schaltung:

Ende I über Segment 4 mit Anfang VI,
Ende VI über Segment 9 mit Anfang XI,
Ende XI über Segment 3 mit Anfang V,
Ende V über Segment 8 mit Anfang X,
Ende X über Segment 2 mit Anfang IV,
Ende IV über Segment 7 mit Anfang IX,
Ende IX über Segment 1 mit Anfang III,
Ende III über Segment 6 mit Anfang VIII,
Ende VIII über Segment 11 mit Anfang II,
Ende II über Segment 5 mit Anfang VII,
Ende VII über Segment 10 mit Anfang I.

Die beiden Teilströme verlaufen folgendermaßen:

1.) VI, 9, XI, 3, V, 8, X, 2, IV, 7, IX über Segment 1 zur Bürste a,

2.) 1, 10, VII, 5, II, 11, VIII, 6, III über Segment 1 zur Bürste a.

In Bürste a vereinigen sich beide Ströme, durchfließen das Netz und die Verbrauchsapparate und kehren zur Bürste b zurück, wo dann die Zerlegung des Gesamtstromes in die beiden Teilströme wieder erfolgt.

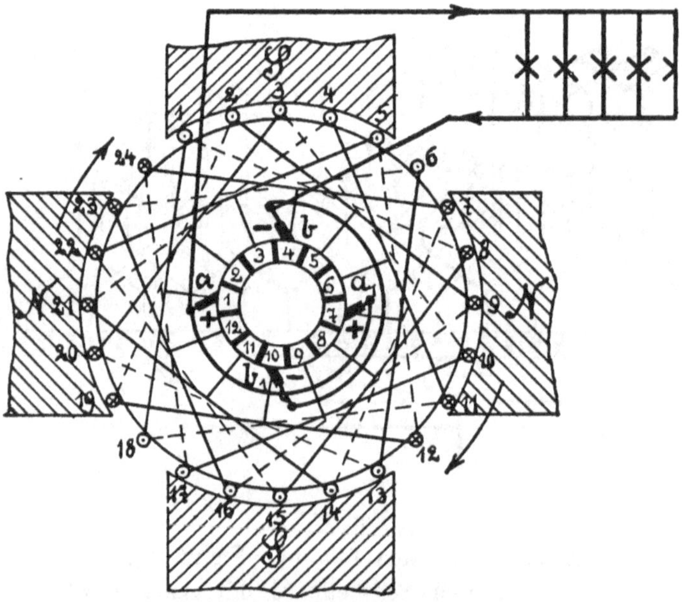

Fig. 44.

2. Trommelwicklung. Die mehrpolige Trommelwicklung mit Parallelschaltung wird als Schleifen- oder Wellenwicklung ausgeführt.

Bei der Schleifenwicklung (Fig. 42 und 43) haben wir den Schritt y vorwärts und den Schritt y_1 rückwärts. Wenn z die Zahl der wirksamen Drähte oder Spulenseiten, p die Zahl der Polpaare, 2p die Polzahl bezeichnen, so ist

$$y = \frac{z}{2p} \pm 1, \; y_1 = y \pm 2.$$

In dem Beispiel ist $y = \frac{24}{4} + 1 = 7$ gewählt. Hieraus errechnet sich

$$y_1 = 7 - 2 = 5.$$

Der Schritt vorwärts ist demnach in dem Beispiel 7, der Schritt rückwärts 5.

Die beiden Bürsten a und a_1 sind die positiven, b und b_1 die negativen. Die Wicklung ist folgendermaßen durchgeführt: 1, 8, 3, 10, 5, 12, 7, 14, 9, 16, 11, 18, 13, 20, 15, 22, 17, 24, 19, 2, 21, 4, 23, 6, 1.

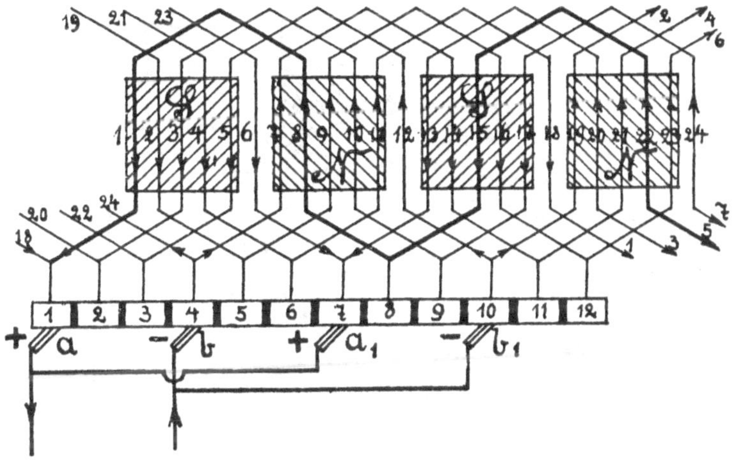

Fig. 45.

Bei der Wellenwicklung (Fig. 44 und 45) ist der Schritt

$$y = \frac{z}{2p} \pm 1$$

und geht stets vorwärts. Zur Stromabnahme sind zwei Paar Bürsten vorhanden.

Die Wicklung liegt in folgender Reihenfolge: 1, 8, 15, 22, 5, 12, 19, 2, 9, 16, 23, 6, 13, 20, 3, 10, 17, 24, 7, 14, 21, 4, 11, 18, 1.

Die mehrpolige Trommelwicklung mit Serienschaltung wird stets als Wellenwicklung ausgeführt. Der Wicklungsschritt y muß anders gewählt werden als bei der Parallelschaltung. Bezeichnet man die Drähte oder Spulenseiten wieder mit z, die Zahl der Polpaare mit p, so ist

$$y = \frac{1}{p}\left(\frac{z}{2} \pm 1\right).$$

In Fig. 46 und 47 ist $z = 30$, $p = 2$, demnach

$$y = {}^1/_2\left(\frac{30}{2} + 1\right) = {}^1/_2 \cdot 16 = 8 \text{ oder}$$

$$y = {}^1/_2\left(\frac{30}{2} - 1\right) = {}^1/_2 \cdot 14 = 7.$$

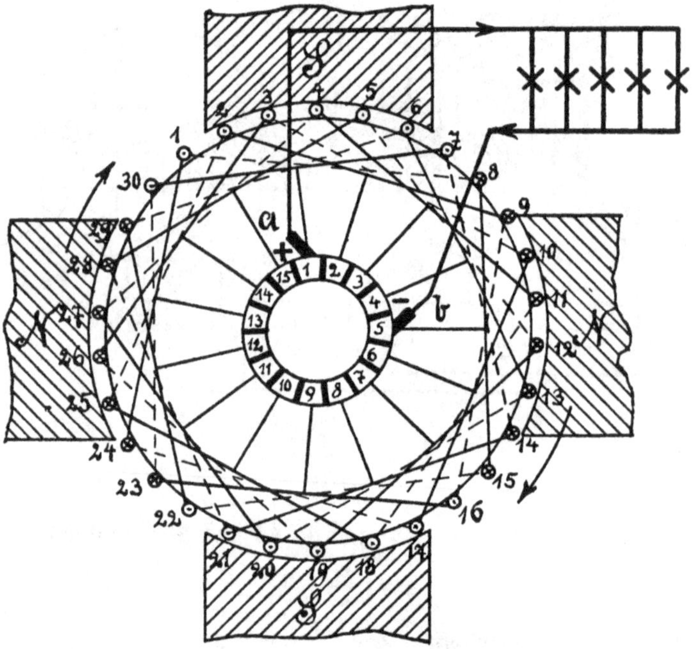

Fig. 46.

Als Wicklungsschritt ist die ungerade Zahl mit 7 gewählt. Die Reihenfolge ist: 1, 8, 15, 22, 29, 6, 13, 20, 27, 4, 11, 18, 25, 2, 9, 16, 23, 30, 7, 14, 21, 28, 5, 12, 19, 26, 3, 10, 17, 24, 1.

Sobald man den Wicklungsschritt y und die Zahl der Polpaare kennt, kann man die nötige Zahl der Drähte oder

Spulenseiten berechnen. Damit erhält man auch die Zahl der nötigen Nuten.

$$z = 2p\,y \pm 2.$$

In dem vorliegenden Falle ist $z = 2 \cdot 2 \cdot 7 + 2 = 30$.

Stromabnahme bei mehrpoligen Maschinen.

Bei Maschinen mit in Serienschaltung gewickelten Ankern erfolgt die Abnahme durch zwei Bürsten, bei Maschinen mit in Parallelschaltung gewickelten Ankern

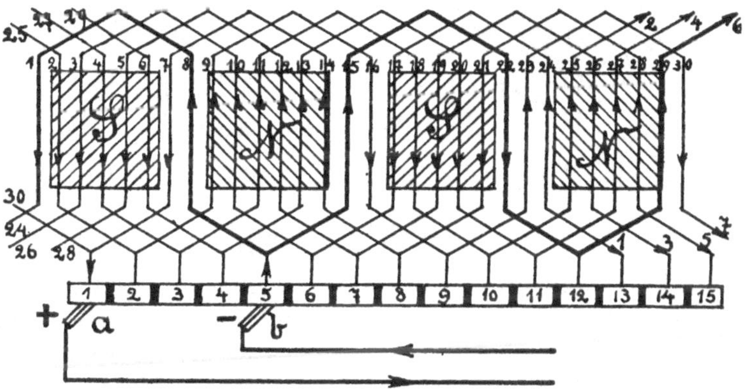

Fig 47.

durch ebensoviel Bürsten als Pole vorhanden sind. Es ist aber möglich, auch hier mit zwei Bürsten auszukommen, wenn man Ausgleichleitungen nimmt, durch welche die Spulen untereinander verbunden werden. Diese Leitungen werden entweder (Fig. 48) zwischen den Zuleitungen der Spulen zu den Kollektorsegmenten oder zwischen den Segmenten selber (Fig. 48 a) angebracht. In Fig. 48 haben wir Ausgleichsleitungen zwischen 1 und 7, 2 und 8, 3 und 9, 4 und 10, 5 und 11 und 6 und 12. Hier liegen die Ausgleichsleitungen zwischen den Zuleitungen der Spulen zu den Segmenten. In Fig. 48 a ist die Verbindung zwischen den Segmenten unmittelbar ausgeführt, und zwar zwischen 1 und 7, 2 und 8, 3 und 9, 4 und 10, 5 und 11, und 6 und 12.

Durch die Ausgleichsleitungen wird erreicht, daß bei ungleichmäßiger Stromlieferung durch die Spulengruppen des Ankers die Schwankungen sich nicht über die Bürsten ausgleichen, wodurch ein Feuern der Bürsten vermieden wird.

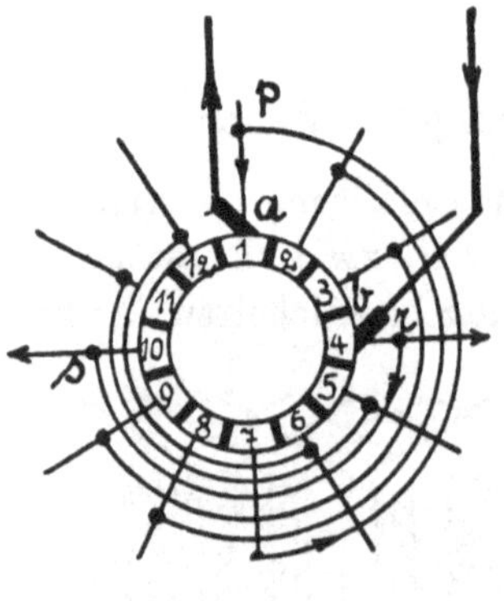

Fig. 48.

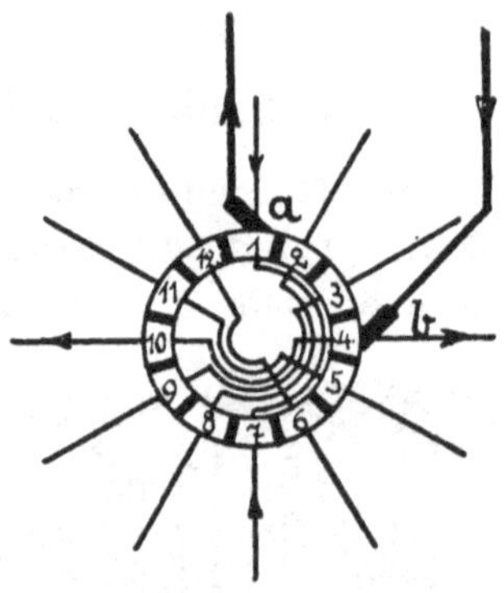

Fig. 48a.

Ankerrückwirkung.

Wenn man durch die Ankerwindungen Strom schickt, wird das Ankereisen, wie wir früher gesehen haben, zu einem Magneten werden müssen. Der Strom im Anker erzeugt ein Feld, welches seine Wirkung ausüben muß. Diese Wirkung, welche einen großen Einfluß auf den funkenfreien Gang der Maschinen und auf ihre Leistung hat, nennen wir Ankerrückwirkung.

Bei einer stromlosen, zweipoligen Maschine verlaufen die Kraftlinien, wie es Fig. 49 zeigt. Die neutrale Zone steht senkrecht zu den Kraftlinien in der Richtung xy. Sie ist von den Enden der Pole gleich weit entfernt.

Sobald die Maschine von Strom durchflossen wird, erhalten wir eine Verschiebung der neutralen Zone. Der Netzstrom fließt in den Ankerdrähten auf der rechten Seite entgegengesetzt wie auf der linken Seite (Fig. 50). Es bildet sich jetzt ein Ankerfeld, welches in der Figur von oben nach unten, somit quer zu dem Hauptfelde, verläuft. Als Resultierende des Hauptfeldes und des Querfeldes erhalten wir ein Feld, wie es in Fig. 51 dargestellt ist. Die neutrale Zone ist von xy nach ca verschoben, das neue Feld tritt an die Stelle des in Fig. 49 dargestellten.

Zu bemerken ist, daß das neue, verzerrte Feld die neutrale Zone in der Drehrichtung des Ankers verschiebt.

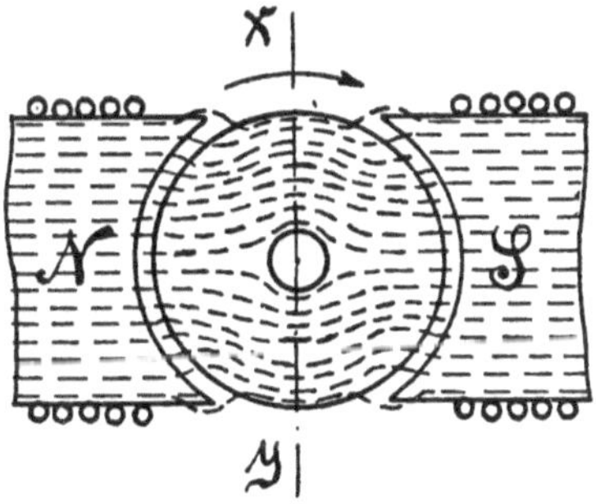

Fig. 49.

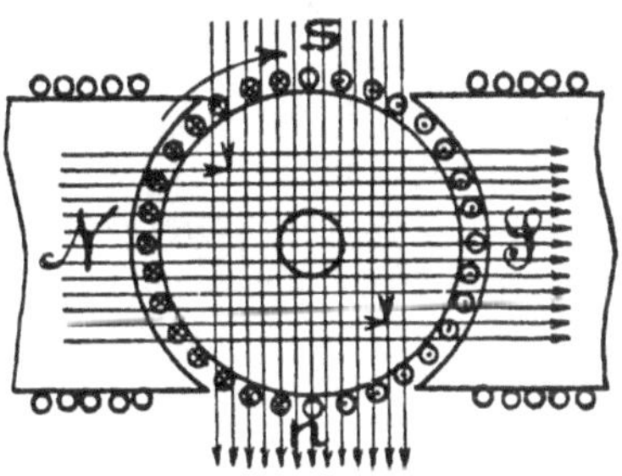

Fig. 50.

Will man jetzt die höchste Spannung zwischen den Bürsten erhalten, so muß eine Verschiebung der Bürsten aus der ursprünglichen neutralen Zone in die neue vorgenommen werden, so daß sie jetzt an den Punkten a und c aufliegen.

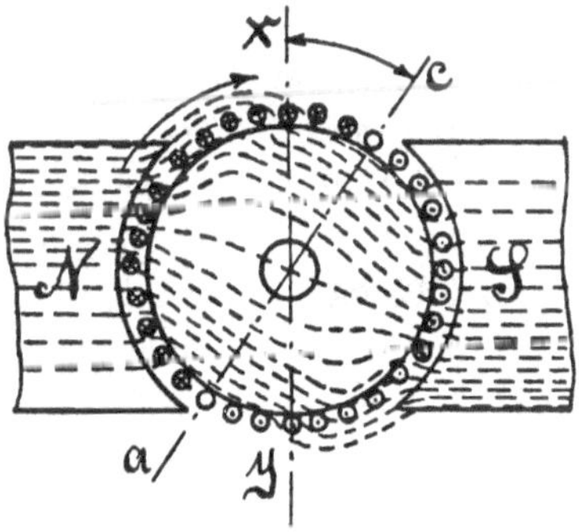

Fig. 51.

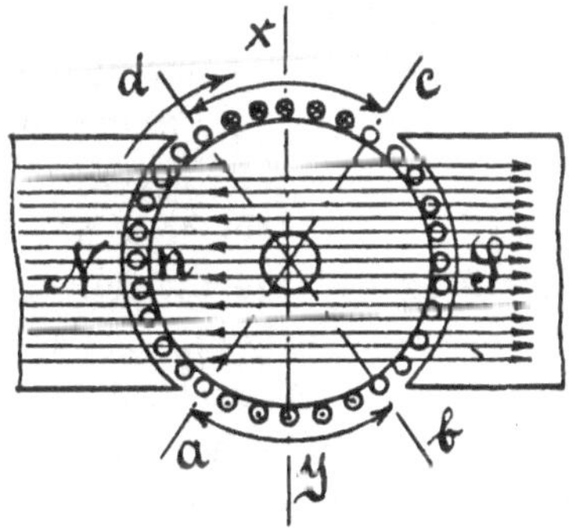

Fig. 52.

In Fig. 51 ist dargestellt, wie jetzt die Ströme fließen werden, nämlich zu beiden Seiten der neuen neutralen Zone entgegengesetzt.

Nach der magnetischen Einwirkung auf das Ankereisen können wir die Ankerwicklung in vier Teile zerlegen, in die Teile ab, cd und in die Teile ad und bc (Fig. 52).

Die zwischen ab und cd liegenden Spulen kann man als zu einer Spule gehörig betrachten. Die von ihnen erzeugten Kraftlinien verlaufen dem Erregerfeld entgegengesetzt, man nennt sie daher Gegenwindungen. Sie schwächen das Hauptfeld, so daß bei gleichem Erregerstrom die EMK der von Strom durchflossenen Maschine kleiner wird als die der stromlosen.

Die zwischen ad und bc liegenden Windungen erzeugen ein Querfeld, sie werden Querwindungen genannt. Sie bewirken, daß die Polenden in der Nähe von d und b ein dichteres Feld erhalten.

Funkenfreier Gang.

Das Gegenfeld mit seinen Folgen vermeidet man, wenn man die Bürsten in der neutralen Achse stehen läßt (Fig. 53a). Es entstehen aber dann durch das Querfeld Funken am Kollektor, da die Drähte, welche in der Nähe von xy liegen, die Kraftlinien des verzerrten Feldes schneiden.

Um einen möglichst funkenfreien Gang zu erzielen, müssen soviel als möglich Spulen und Kollektorsegmente angeordnet werden, wobei die Breite der Isolation zwischen zwei Lamellen im Verhältnis zu der Breite der einzelnen Lamelle sehr klein sein muß. Ferner muß die Kommutatoreinteilung sehr genau sein, Anker und Kommutator müssen dieselbe Geschwindigkeit haben. Die Einbettung der Spulen muß in den Ankernuten ganz gleichartig sein, und der Widerstand zwischen Bürsten und Kollektor muß auf der ganzen Auflagefläche gleich groß sein.

Um eine möglichst funkenfreie Umschaltung der Teilströme zu erzwingen, kann man die Bürsten verschieben, und zwar bei Dynamos im Sinne der Drehrichtung des Ankers, bei Motoren im entgegengesetzten Sinne. Daß bei Motoren die Bürsten zurückgestellt werden müssen, kommt daher, daß der Ankerstrom zur Erreichung desselben Drehsinnes umgekehrt wie bei den Dynamos durch die Spulen fließen muß, wodurch das Querfeld des Ankers auch die umgekehrte Richtung erhält.

In Fig. 53a befinden sich die Bürsten in der neutralen Achse, ein Teilstrom fließt vom Südpol über die Spulen IV, III und Segment 2 zur Bürste, ein Teilstrom fließt vom Nordpol über I, II zum Segment 2 und ebenfalls zur Bürste.

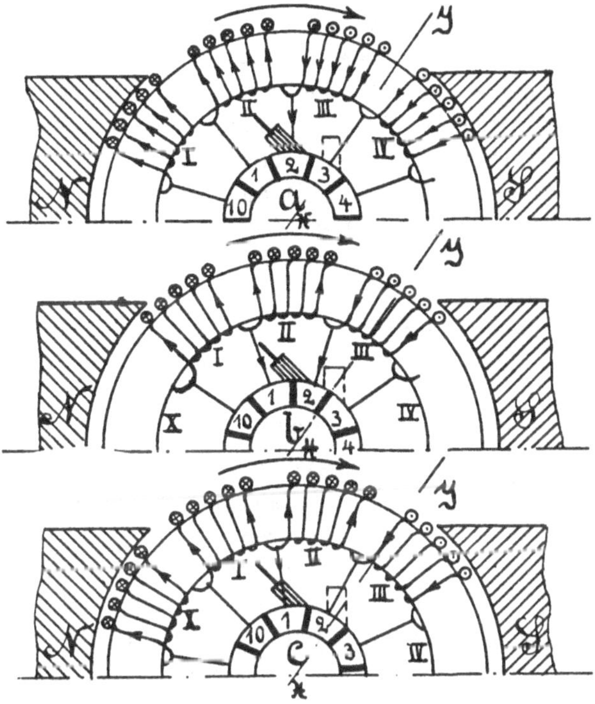

Fig. 53.

Der Übergang erfolgt vollkommen funkenfrei, wenn die Bürsten gut aufliegen. Bei der weiteren Drehung kommt der Anker in die Stellung, welche in Fig. 53b dargestellt ist. Jetzt liegt die Bürste über den Segmenten 1 und 2, wodurch die Spule II kurzgeschlossen wird. Vom Südpol fließt ein Strom über die Spulen IV, III zum Segment 2, vom Nordpol über die Spulen X und I zum Segment 1 und weiter zur Bürste. Bei der weiteren Drehung kommt der

Anker in die Stellung, wie sie Fig. 53c zeigt. Das Segment 2 ist nicht mehr unter der Bürste, der Kurzschlußstrom der Spule II und der vom Südpol kommende Strom sind jetzt unterbrochen, wodurch zwischen der Bürste und dem Segment 2 Öffnungsfunken entstehen. Da der Strom, welcher vom Südpol fließt, über die Spule II und das Segment 1 keinen Abfluß zur Bürste findet, wird der Funke noch vergrößert. Die EMK der Spule II ist zu dieser Zeit noch unter dem Einfluß des verzerrten Feldes und arbeitet der EMK der anderen Spulen entgegen. Der vom Südpol kommende Strom versucht nun, einen Weg vom Segment 2 durch die Luft zu der Bürste zu finden.

Gegen dieses Feuern hilft das Verstellen der Bürsten in die Richtung x y. Die vom Nord- und Südpol kommenden Teilströme laufen jetzt in dem Segment 3 zusammen, von wo sie funkenlos weiterfließen können (Fig. 53 a). Bei der weiteren Drehung wird (Fig. 53 b) Segment 2 und 3 überbrückt, wodurch ein Kurzschließen der Spule III herbeigeführt wird. Der vom Nordpol fließende Teilstrom fließt über Segment 2, der vom Südpol über Segment 3. Der Südpol, welchem die kurzgeschlossene Spule III sehr nahe ist, wirkt jetzt auf die Spule ein und kehrt die Richtung der EMK plötzlich um. Hierdurch wird erreicht, daß diese dem in den anderen Spulen fließenden Strom nicht mehr entgegenwirkt Verläßt jetzt das Segment 3 die Bürste, so kann der Strom, welcher vom Südpol kommt, über Spule III zum Segment 2 und zur Bürste gelangen, da der Kurzschlußstrom in III bereits dieselbe Richtung hatte.

Um eine gleichmäßige Verschiebung aller Bürsten zu erreichen, sind die sämtlichen Bürsten auf einer Bürstenbrücke befestigt, so daß sämtliche Bürsten gleichzeitig verschoben werden, und zwar stets um die gleiche Entfernung.

Um den Wirkungen der Querwindungen entgegenzuarbeiten, werden Wende- oder Kompensationspole eingebaut, welche eine Hauptstromwicklung bekommen, so daß ihre Kraftlinien denen der Querwindungen entgegenarbeiten.

Sie heben, da sie proportional dem Ankerstrom sind, das Querfeld bei allen Belastungen auf.

Den Aufbau einer Wendepolmaschine zeigt Figur 54. Von der Bürste B_1 gelangt der Hauptstrom über A zu den Wendepolen n und s, nach D und von dort in das Netz und zu den Stromverbrauchern. Sodann fließt der Strom über d, die Bürste B_2 zum Anker zurück. An die Klemmen A und D ist parallel zu den Wendepolen ein Widerstand W_1 gelegt, durch welchen die Stromstärke für die Wendepole und so der Magnetismus derselben reguliert werden

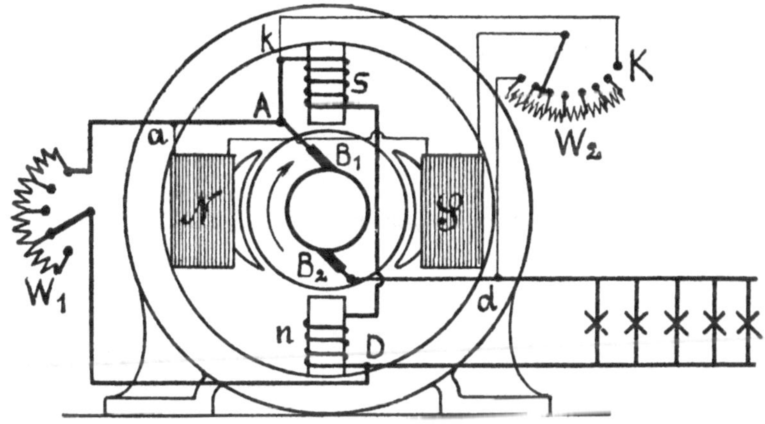

Fig. 54.

kann. Die Reihenfolge der Wendepole muß bei einer Dynamo so sein, daß im Sinne der Drehrichtung auf einen Nordpol ein Südpol des Wendepols, auf einen Südpol ein Nordpol des Wendepoles folgt, wie es Figur 54 zeigt. Nur dann wird das Querfeld aufgehoben.

Bei Motoren mit Wendepolen muß auf einen Nordpol ein Nordpol des Wendepoles im Sinne der Drehrichtung, folgen, auf einen Südpol ein Südpol des Wendepoles.

D. i. bei Dynamos müssen im Sinne der Drehrichtung die Pole des Hauptmagneten und des Wendepoles in der Polarität abwechseln, bei Motoren dagegen müssen die Pole hintereinander gleiche Polarität erhalten.

Bei einer zweipoligen Dynamo ist also die Reihenfolge
N, s, S, n,
bei einem zweipoligen Motor ist die Reihenfolge N, n, S, s, wobei N und S die Hauptpole, n und s die Wendepole bezeichnen.

Der Nebenschlußstrom fließt von B_1 über A und a durch den Nordpol N, den Südpol S, den Nebenschlußregulator W_2 über d zur Bürste B_2 zum Anker zurück.

Die Maschinen mit Wendepolen gestatten einen funkenfreien Gang bei allen Belastungen, sie veranlassen selbst in der neutralen Zone die Wendung des Stromes bei jeder Belastung sicher Eine Verschiebung der Bürsten ist bei zunehmender Belastung nicht nötig.

Dreileitermaschinen.

In zahlreichen Gleichstromanlagen werden Dreileitermaschinen aufgestellt, deren Schaltung aus Figur 55 ersichtlich ist.

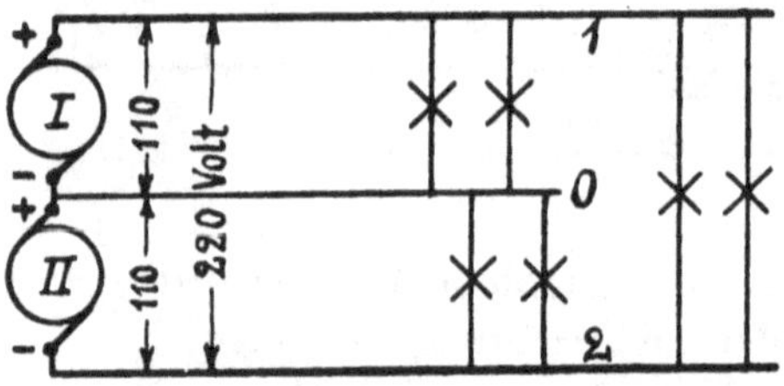

Fig. 55

Zwei Dynamos, deren jede 110 Volt Spannung hat, werden hintereinander geschaltet, so daß die Außenleiterspannung 220 Volt beträgt, während die Spannung zwischen einem Außenleiter und dem Nulleiter 110 Volt beträgt.

Theoretisch fließt in dem Nulleiter kein Strom, bei ungleicher Belastung der Netzhälften jedoch praktisch in ihm der Differenzstrom.

An Stelle von zwei einzelnen Maschinen kann auch eine Maschine aufgestellt werden. In den Figuren 56 und 57 ist eine derartige Maschine dargestellt, welche eine Ankerwicklung und einen Kollektor besitzt. Der Anker ist in bekannter Weise mit dem Kollektor verbunden. Die Bürsten B_1 und B_2 führen den Strom in das Netz zu den Außenleitern A_1 und A_2. Eine Drosselspule D dient zur Spannungsteilung. Ihre Enden sind durch die Bürsten b_1 und b_2 über Schleifringe 1 mit 2 gegenüberliegengen Stellen der Ankerwicklung verbunden. Die Mitte der Drosselspule ist an den Mittel- oder Nulleiter angeschlossen. Die Drosselspule führt dauernd einen infolge der hohen Selbstinduktion sehr geringen Wechselstrom. Führt der Mittelleiter infolge Belastung der Netzhälften Gleichstrom, so kann dieser ohne Störung über D, die Bürsten b_1 und b_2, die Schleifringe zum Anker zurückfließen

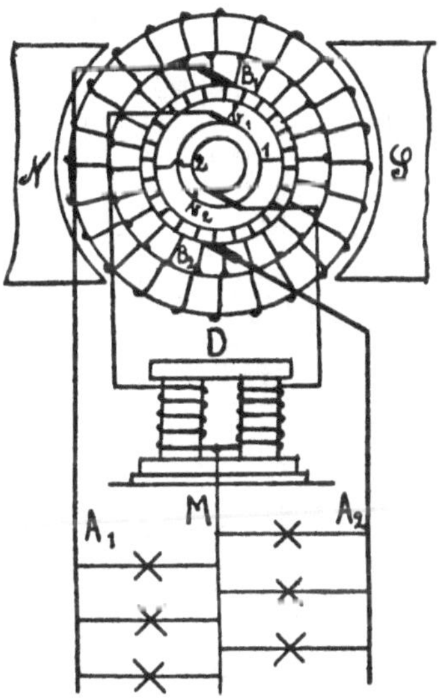

Fig. 56.

In der Ansicht (Fig. 57) sind die Bürsten zu sehen, ebenso der Anschluß der Drosselspule.

Bei Besprechung der Induktion fanden wir die Formel

$$E = \frac{z \cdot N}{100000000 \cdot t}\text{[1]},$$

worin E die Spannung in Volt, N die Anzahl der geschnittenen Kraftlinien, z die Anzahl der wirksamen Drähte und t die Zeit in Sekunden, in der die Kraftlinien geschnitten werden, bedeuten.

Ein auf einem Anker befindlicher Draht schneidet bei einer Umdrehung des Ankers die Kraftlinien zweimal, einmal vor dem Nordpol, einmal vor dem Südpol.

Haben wir z wirksame Drähte in dem Anker, so sind z/2 Drähte stets hintereinander geschaltet. Die EMK für die ganze Ankerwicklung ist

$$\frac{2\,N}{100\,000\,000} \cdot \frac{z}{2} = \frac{Nz}{100\,000\,000}.$$

[1]) Teil I. Seite 94.

Wenn z. B. ein Anker in einer Minute 1500 Umdrehungen macht, so drehen sich die Drähte in einer Sekunde 1500 : 60 = 25mal an den Polen vorbei. Die EMK ist demnach 25mal so groß. Macht eine Maschine in einer Minute n Umdrehungen, so ist die sekundliche Umdrehungszahl n/60. Hieraus errechnet sich die EMK:

$$E = \frac{n/60 \cdot N \cdot z}{100\,000\,000}.$$

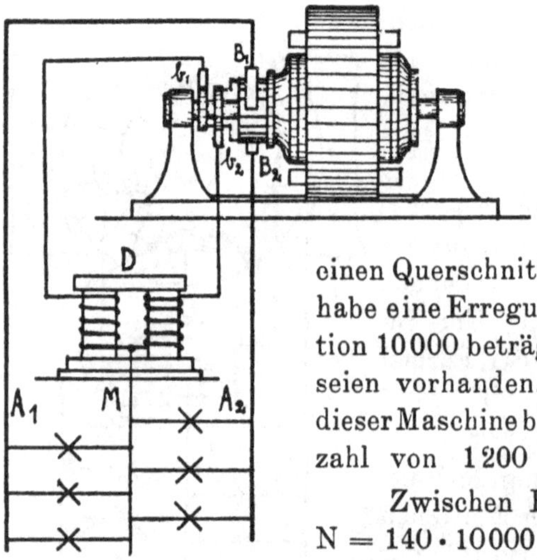

Fig. 57.

Diese Formel soll nachstehend an einem Beispiel durchgerechnet werden.

Es haben die Schenkel einer zweipoligen Maschine einen Querschnitt von 140 qcm. Sie habe eine Erregung, so daß die Induktion 10000 beträgt. 400 Ankerdrähte seien vorhanden. Es soll die EMK dieser Maschine bei einer Umdrehungszahl von 1200 berechnet werden.

Zwischen Pol und Anker sind $N = 140 \cdot 10000 = 1400000$ Kraftlinien vorhanden.

$$E = \frac{n/60 \cdot N \cdot z}{100\,000\,000} = \frac{20 \cdot 1400000 \cdot 400}{100\,000\,000} = 112 \text{ Volt.}$$

Solange die Maschine keinen Strom abgibt, ist die EMK gleich der Spannung an den Klemmen der Maschine. Sobald die Maschine belastet wird, treibt die EMK den Strom durch die Spulen durch, zur Überwindung des Leitungswiderstandes in Anker und Magneten geht Spannung verloren, so daß die Klemmenspannung niedriger ist als die in der Maschine erzeugte EMK.

Der Widerstand der Ankerhälften sei W_a Ohm, in dem Anker trete ein Spannungsverlust $J_a W_a$ auf, worin J_a den aus den Bürsten kommenden Strom bezeichne. Die Klemmenspannung sei K, so ist

$$K = E - J_a W_a.$$

Eine Maschine von 440 Volt Klemmenspannung liefere 50 Amp. Der Anker habe einen Widerstand von 0,2 Ohm. Im Anker tritt dann ein Spannungsverlust auf von $50 \cdot 0{,}2 = 10$ Volt. Die Maschine muß demnach eine EMK von $440 + 10 = 450$ Volt haben.

Regulierung der EMK und Klemmenspannung.

Bei Gleichstrommaschinen können wir die EMK und damit die Klemmenspannung leicht regulieren und verändern, wenn wir eine der Größen N, z und n verändern Die Möglichkeiten sollen nachstehend besprochen werden.

Die Zahl der Ankerdrähte läßt sich in der Praxis schlecht im Betriebe verringern oder vermehren. Die Umdrehungszahl kann beim Antrieb durch Dampfmaschinen, Gasmotoren oder dergl. auch schlecht verändert werden. Wir haben jedoch die Möglichkeit, die Kraftlinien durch Regulierwiderstände in weiten Grenzen zu verändern.

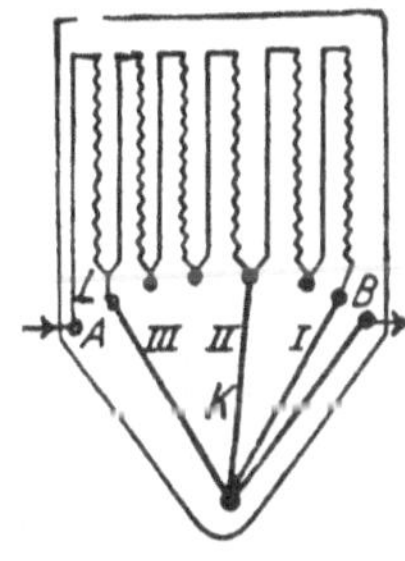

Fig. 58.

Diese Regulierwiderstände bestehen aus Drähten, welche schraubenförmig gewickelt sind. Auf einer Platte sind gegeneinander isolierte Kontakte angebracht, an welche die Drähte angeschlossen werden (Fig. 58). Über diese Kontakte gleitet der Hebel K, so daß je nach der Stellung des Hebels mehr oder weniger Spulen in den Stromkreis eingeschaltet sind. Außerdem sind die Spulen untereinander verbunden, so daß sie sämtlich hintereinander geschaltet werden können.

In der Figur tritt der Strom bei A in den Regulierwiderstand ein, er kann durch die Spulen mittels des Hebels

K in weiten Grenzen verändert werden. Liegt der Hebel in Stellung I, so fließt der Strom durch sämtliche hintereinander geschaltete Spulen, in Stellung II durch die Spulen 1—4, in Stellung III durch Spule 1 Liegt der Hebel auf A, so fließt der Strom jetzt unmittelbar von A über den Hebel nach B. Je nachdem mehr oder weniger Spulen in

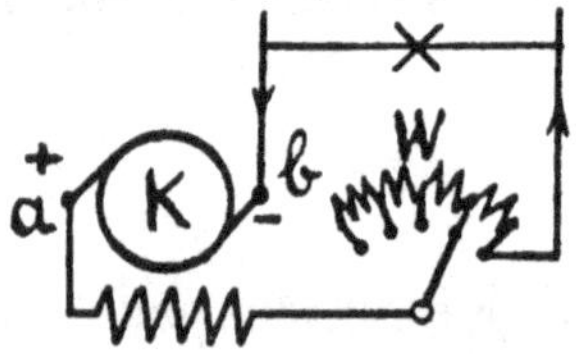

Fig. 59.

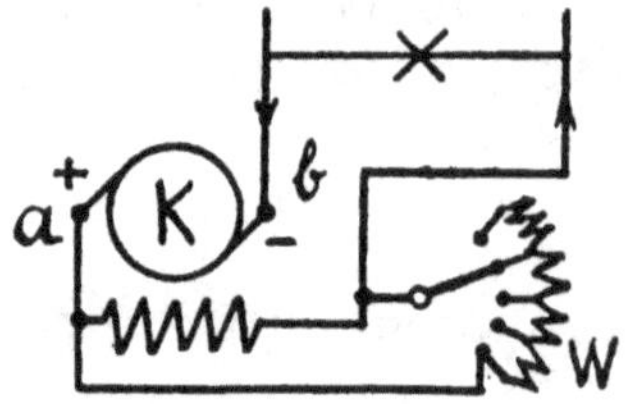

Fig. 60.

den Stromkreis eingeschaltet werden, verändert sich nach dem Ohmschen Gesetz die Stromstärke.

Die Regulierung einer Hauptstrommaschine zeigt Fig. 59 und 60. In Fig. 60 ist der Widerstand W in Reihe, in Fig. 60 parallel zu den Magneten geschaltet.

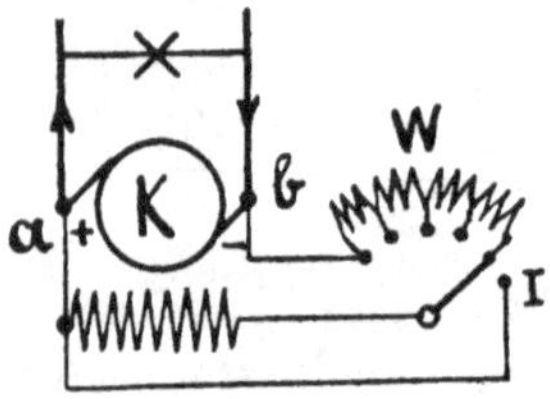

Fig. 61.

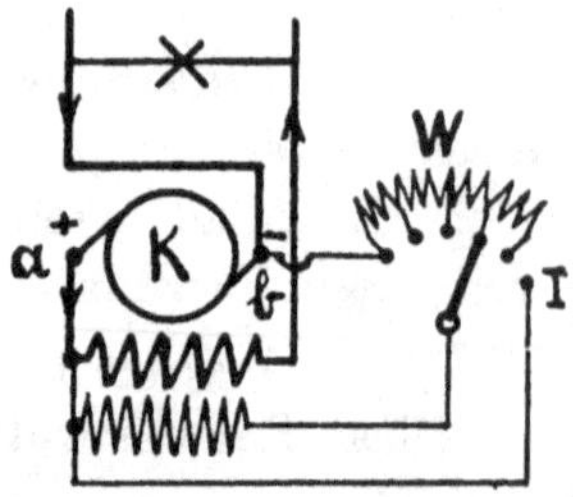

Fig. 62.

In Fig. 61 ist die Regulierung einer Nebenschlußmaschine dargestellt, der Widerstand ist mit der Nebenschlußwicklung in Serie geschaltet.

Fig. 62 gibt die Schaltung bei einer Doppelschlußmaschine. Der Widerstand W ist in Serie mit der Nebenschlußwicklung geschaltet.

Parallelschaltung von Dynamos.

Um einen möglichst rationellen Betrieb durchführen zu können, werden in Gleichstromzentralen meist mehrere Dynamos aufgestellt, um die Leerlaufsverluste niedrig zu halten und eine günstige Belastung der im Betrieb befindlichen Maschinen zu erzielen. Am Tage haben die meisten Werke eine geringe Belastung, während in den Abendstunden durch die Beleuchtung eine hohe Spitzenbelastung auftritt, welche meist nur kurze Zeit andauert. Im Sommer ist diese

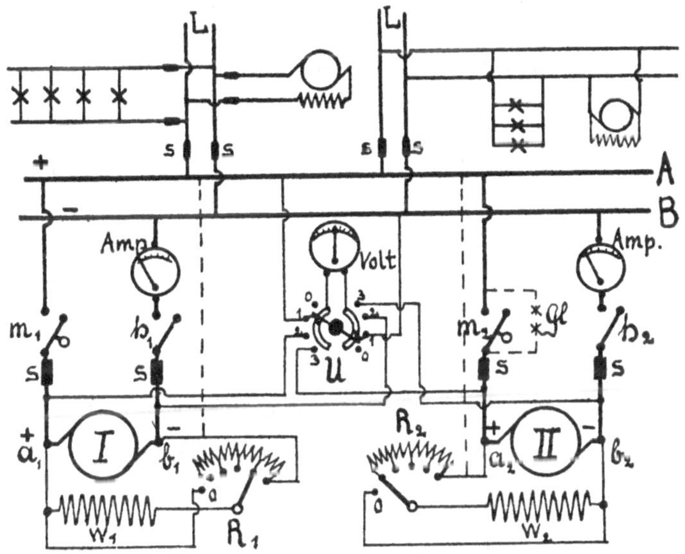

Fig. 63.

durch das Licht hervorgerufene Spitze geringer und kurzzeitiger als im Winter, wo mit Eintritt der Dunkelheit zahlreiche Lampen eingeschaltet werden. In Zentralen, welche für landwirtschaftliche Zwecke dienen, ist außerdem zu bestimmten Zeiten ein großer Bedarf an Strom zu Dreschzwecken, der jedoch nur wenige Wochen andauert, dann aber gleichzeitig große Energiemengen erfordert.

Um unter solchen Bedingungen einen wirtschaftlichen Betrieb erzielen zu können, wird nicht eine Maschine aufgestellt, es gelangen vielmehr mehrere zur Verwendung, um je nach Bedarf so viel Kraft zur Verfügung zu haben, wie gebraucht wird, ohne daß Maschinen unnötig leer laufen, was zumal heute bei den hohen Brennstoffpreisen unter allen Umständen vermieden werden muß. Die Einteilung erfolgt meist so, daß eine Maschine den Tagesbedarf decken kann, während eine zweite entweder den gesamten Betrieb in den Zeiten höchster Belastung allein übernehmen kann, oder diese zweite Maschine dient zur Deckung des Spitzenbedarfes, wobei außerdem in Gleichstromzentralen meist noch eine zweckmäßig gewählte Akkumulatorenbatterie zur Spitzendeckung mit herangezogen wird.

In der Praxis werden diese Maschinen parallel zueinander geschaltet. Die EMK der parallel zu schaltenden Maschinen muß gleich groß sein. Dann erhalten wir im Netz eine Stromstärke, welche der Summe der Einzelstromstärken entspricht.

Die für die Parallelschaltung nötige Anordnung zeigt Fig. 63.

Es bedeuten A und B die Sammelschienen auf der Schalttafel,

I und II die beiden Dynamos,
W_1 die Nebenschlußwicklung der Maschine I,
W_2 die Nebenschlußwicklung der Maschine II,
R_1 den Nebenschlußregulator von I,
R_2 den Nebenschlußregulator von II,
m_1 und m_2 Minimalautomaten, welche den Stromkreis automatisch abschalten, wenn die Spannung unter ein Mindestmaß heruntergeht.
h_1 und h_2 Hebelschalter,
s Sicherungen,
L das Netz,
U einen Voltmeterumschalter, welcher folgende Messungen gestattet:
0—0, Voltmeter ist ausgeschaltet,
1—1, Voltmeter zeigt Spannung der Schienen an,
2—2, Voltmeter zeigt Spannung der Maschine I an,
3—3, Voltmeter zeigt Spannung der Maschine II an.

Die Maschine I sei im Betrieb, es soll II zugeschaltet werden. II wird angelassen und auf die normale Umdrehungszahl gebracht. Schalter h_2 wird eingelegt, die Spannung von II wird durch R_2 so geregelt, daß sie der von I entspricht. Bei der Inbetriebsetzung ist darauf zu achten, daß beide Maschinen mit derselben Polarität an die Sammelschienen angeschlossen werden. Hierzu dient ein Voltmeter, welches seinen Nullpunkt in der Mitte hat, so daß der Zeiger nach beiden Seiten ausschlagen kann. Haben die beiden parallel zu schaltenden Maschinen gleiche Polarität,

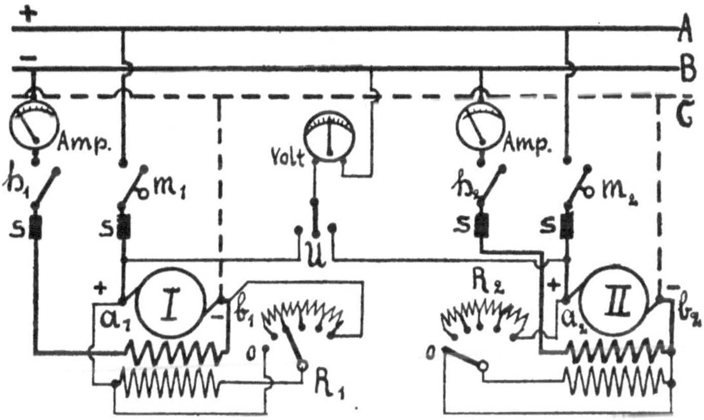

Fig. 64.

so schlägt der Zeiger bei der Spannungsmessung jeder Maschine nach derselben Seite aus.

Zur Feststellung der Polarität kann man auch Glühlampen benutzen. Man nimmt zwei, welche in Serie geschaltet werden, deren jede einzelne die Netzspannung hat. Die Glühlampen (Gl. in Fig. 63) sind so geschaltet, daß sie parallel zu dem Schalter m_2 liegen. Liegen beide Maschinenschalter an dem positiven Pol des Netzes, müssen die Lampen dunkel bleiben; wenn die Lampen aufglühen, sind diese beiden Maschinen hintereinander geschaltet. Es muß dann eine Umschaltung des Maschinenschalters der zweiten Maschine in den anderen Pol erfolgen.

Wenn die Anlage richtig geschaltet ist, wird die Parallelschaltung in der Weise durchgeführt, daß der Automat m_2 geschlossen wird, so daß II auf die Sammelschienen geschaltet ist. Damit II Strom liefert, muß die Erregung verstärkt werden. Durch Verstellen der Kontakte an den Regulierwiderständen R_1 und R_2 werden die Maschinen so einreguliert, daß sie ihrer Größe entsprechend Strom in das Netz liefern. Die Stromlieferung einer jeden Maschine wird durch Amperemeter festgestellt

Soll die Maschine II abgeschaltet werden, so wird R_2 so weit ausgeschaltet, daß die Maschine in ihrer Stromerzeugung auf Null herabgeht. Um die Netzspannung zu erhalten, muß die Erregung von I so einreguliert werden, daß das Netz seine volle Spannung behält. Sobald der Strom von II auf ungefähr Null herabgeht, fällt der Automat m_2 heraus und schaltet II vom Netz ab. Der Hebel h_2 wird herausgenommen, die Kurbel des Nebenschlußregulators auf den Kurzschlußkontakt geschaltet, wodurch II nunmehr vollkommen vom Netz abgetrennt ist.

Sollen Doppelschlußmaschinen parallel geschaltet werden, so muß eine dritte Leitung, welche in der Figur 64 von C ausgehend punktiert gezeichnet ist, verlegt werden, an welche die negativen Bürsten b_1 und b_2 angeschlossen werden. Sobald die Schalter m_1 und m_2 geschlossen werden, sind die Anker der beiden Maschinen parallel geschaltet. Ein Voltmeter mit dem Nullpunkt in der Mitte kann durch einen Umschalter auf jede der beiden Maschinen geschaltet werden.

Soll II zu I zugeschaltet werden, so wird der Anker von II bei normaler Umdrehungszahl auf Spannung gebracht, so daß beide Maschinen gleiche Spannung erhalten. Hieraus wird m_2 eingelegt. Durch den Schalter h_2 wird die Hauptstromwicklung von II parallel zu der von I geschaltet, wodurch die Erregung von II zu-, die von I abnimmt. Um diesen auftretenden Spannungsabfall auszugleichen, müssen die Widerstände R_1 und R_2 entsprechend reguliert werden.

Wechselstrommaschinen.

Unter Wechselstrom verstehen wir einen elektrischen Strom, welcher Richtung und Stärke gesetzmäßig in bestimmten Zeitabschnitten ändert. In Fig. 65 ist die Kurve eines Wechselstromes dargestellt, wenn wir der Linie Abcd B folgen. Der Strom hat in A, c und B die Größe Null, in b hat er ein positives, in d ein negatives Maximum. Hat der Strom die Entfernung AB durchlaufen, so haben wir eine Periode. Die Entfernung Ac und cB nennen wir einen Wechsel. In der modernen Gleichstromtechnik wird mit einer Wechselzahl von 100 gearbeitet, so daß wir 50 Perioden haben.

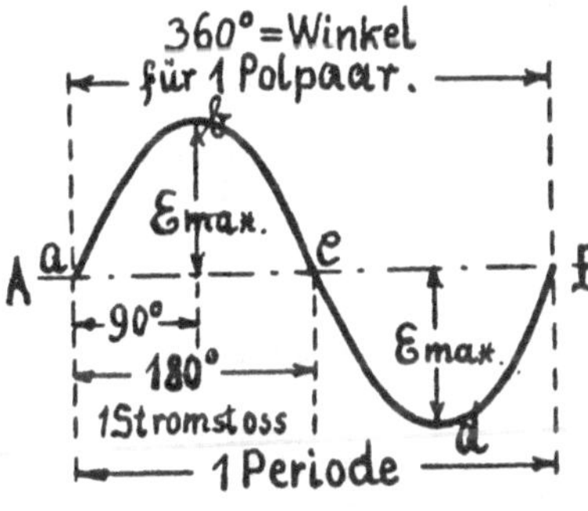

Fig. 65.

In den Figuren 66 a und b soll schematisch die Erzeugung von Wechselstrom im Gegensatz zum Gleichstrom dargestellt werden.

Eine Batterie kann durch einen Umschalter U über die Klemmen 1, 2 und 3 mit den Klemmen 4 und 5 verbunden werden. Wird die Schaltung a hergestellt, so fließt der Strom über 2, 4, A, L durch den Magneten, B, nach 5 und über 3 zur Batterie zurück. Der Strom fließt in der Richtung des Pfeiles, im Magneten M bilden sich die Pole S und N, wie in der Figur angegeben. Schalten wir ein Galvanometer in die Leitung ein, so muß dasselbe, wenn man sich in der Stromrichtung schwimmend denkt, nach links ausschlagen, wie die Fingerregel ergibt. Legen wir jetzt den Hebel von 2 nach 1 um, so liegt das eine Messer auf den Kontakten 1 und 4, das andere auf den Kontakten 2 und 5. Der Strom fließt jetzt von 2 nach 5, B, durch M, L über A, 4 und 1 zur Batterie zurück. Die Richtung ist jetzt die entgegengesetzte von der in a gezeichneten. Der Magnet wechselt jetzt seine Polarität, das Galvanometer drebt sich um 180°, so daß die Nordseite der Nadel wieder nach der linken Seite, in der Stromrichtung gesehen, fließt.

In beiden Stellungen und Stromrichtungen brennen die Lampen, da das Quadrat von der Stromstärke J in Frage kommt. Plus mal Plus ergibt Plus, ebenso Minus mal Minus Plus, so daß die absoluten Werte in beiden Fällen dieselben sind.

Wenn man den Umschalter so einrichtet, daß er schnell hintereinander die Umschaltungen vornimmt, so erhalten wir in der Leitung einen Strom, welcher seine Richtung dauernd wechselt. Erfolgt dieser Wechsel sehr schnell,

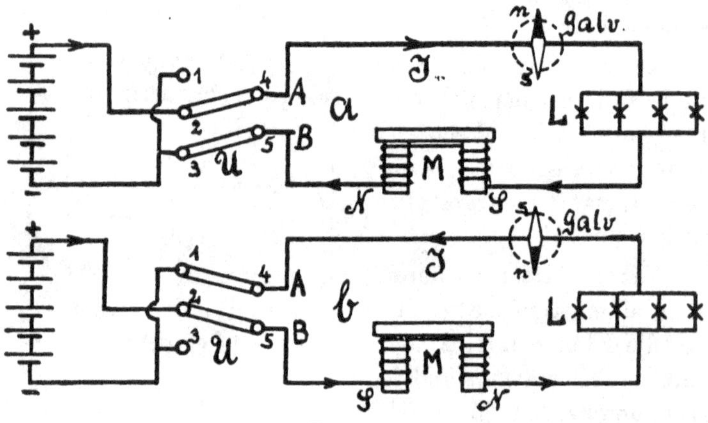

Fig. 66.

so wird die Magnetnadel infolge ihrer Trägheit nicht mehr in der Lage sein, die Umstellung bei jeder Stromrichtung vorzunehmen. Sie wird vielmehr in der Nullage stehen bleiben. Man kann daher mit Magnetnadel-Meßinstrumenten Wechselströme nicht messen, da die Nadel keinen Ausschlag geben kann. Wohl aber kann Wechselstrom für Lasttragemagnete benutzt werden.

Zur Vornahme von Wechselstrommessungen eignen sich jedoch elektromagnetische Meßinstrumente, welche auf der Anziehung von Eisen beruhen, und Elektrodynamometer, welche durch den magnetischen Einfluß zweier Stromkreise beeinflußt werden. Auch Hitzdrahtinstrumente, bei welchen durch die Wärmewirkung des Stromes ein Draht verlängert wird, können verwendet werden.

Wenn der Strom durch Null geht, ist in der Leitung momentan kein Strom, es muß demnach eine in dem Stromkreis befindliche Lampe in diesem Augenblick erlöschen. Erfolgen die Wechsel nun derartig schnell, daß sie über 40 in der Sekunde betragen, so nimmt das Auge den Durchgang durch Null nicht mehr wahr, da die Unterbrechung dann so gering ist, daß die Lampe nicht mehr kalt wird.

Da der elektrische Strom in der Sekunde mit einer Geschwindigkeit von 300000 km dahineilt, so ist eine Gefahr, daß die Stromstöße aus den verschiedenen Richtungen aufeinander prallen, nicht vorhanden. Selbst bei einer Länge

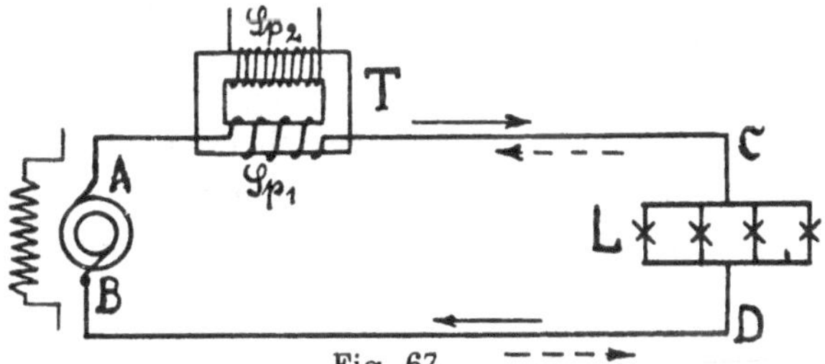

Fig. 67.

der Leitung von mehreren hundert Kilometern besteht diese Gefahr nicht.

Wie wir gesehen haben, erfolgt zwischen zwei Maxima stets eine Unterbrechung, nach welcher der Strom stets seine Richtung umkehrt. Es muß daher in einem benachbarten Leiter eine EMK entgegengesetzter Richtung und in einem geschlossenen Kreise ein Wechselstrom erzeugt werden.

Wickelt man über einen Rahmen T (Fig. 67) aus weichem Eisen einen Draht Sp_1 der Leitung und eine zweite Spule Sp_2, so kann aus der Spule Sp_2 Strom entnommen werden. Wir haben so einen T r a n s f o r m a t o r, welcher niedrige Spannungen in hohe umsetzt.

Gleichstrom und Wechselstrom finden in gleicher Weise für Beleuchtung und Kraft Benutzung, ferner für Tragmagnete und Kochapparate. Auch für elektrische Bahnen werden

Gleichstrom- und Wechsel-(Drehstrom-)Motore benutzt. Zum Laden von Batterien und für chemische Zwecke kann nur Gleichstrom benutzt werden. Hierin hat der Gleichstrom gegenüber Wechselstrom einen Vorzug, indem er aufgespeichert werden kann, während dies bei Wechselstrom nicht der Fall ist. Für Übertragung von Strom auf weite Entfernungen ist Gleichstrom nicht verwendbar, hier hat Wechselstrom den Vorteil, daß durch Transformatoren niedrig gespannte Ströme beliebig hoch gespannt werden können, wodurch sich die Möglichkeit ergibt, Strom auf schwachen Drähten auf weite Entfernungen zu leiten.

Seitdem wir Drehstrom (dreiphasigen Wechselstrom) haben, sind wir in der Lage, den Drehstrom für Kraftversorgung zu verwenden, da einphasiger Wechselstrom hierfür nicht brauchbar ist.

Ferner ist es möglich, durch Einankerumformer, Drehstrom-Gleichstromumformer und Gleichrichter Wechselstrom in Gleichstrom umzuformen, so daß dann auch der umgewandelte Strom für chemische Zwecke benutzt werden kann.

Spannungs- und Stromkurve bei Wechselstrom.

Verfolgen wir den Verlauf der Ströme nach Fig. 66, so erhalten wir eine Kurve, wie sie Fig. 68 darstellt. Bei einer Umdrehung erhalten wir die Kurve abcda, von a—c

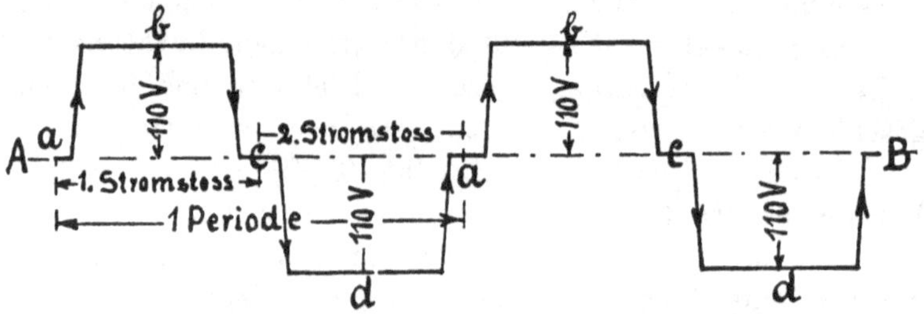

Fig. 68.

haben wir die Schaltung Fig. 66a, der Strom ist geschlossen, steigt von Null zu einem Maximum b an, um beim Öffnen des Umschalters auf c zu sinken, beim Umlegen des Schalters steigt der Strom an bis zum Werte d, um bei erneutem Öffnen von U auf Null a herabzugehen.

Die modernen Maschinen haben nun Kurven, welche nicht wie Fig. 68 aussehen, sie erhalten vielmehr Kurven nach Fig. 65. Diese sinusartigen Kurven ermöglichen ein allmähliches Anwachsen und Abnehmen des Stromes gegenüber dem Verlauf nach Fig. 68, welcher sprunghaft ist. Bei sinusartigem Verlauf steigt der Strom allmählich und gleichmäßig an, um ebenso gleichmäßig wieder abzunehmen.

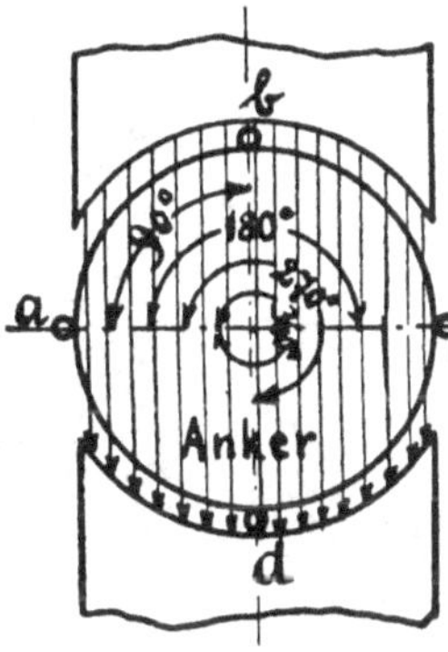

Fig 69.

Nachdem der Anker eine Drehung um 90° gemacht hat (Fig. 69), ist er in die Stellung b gelangt. Die Spannung hat jetzt ihren höchsten Wert E_{max} (Fig. 65). Gelangt der Draht in die Stellung c, so daß er gegen a eine Drehung um 180° gemacht hat, so ist die Spannung auf Null gesunken, um bei Fortschreiten nach

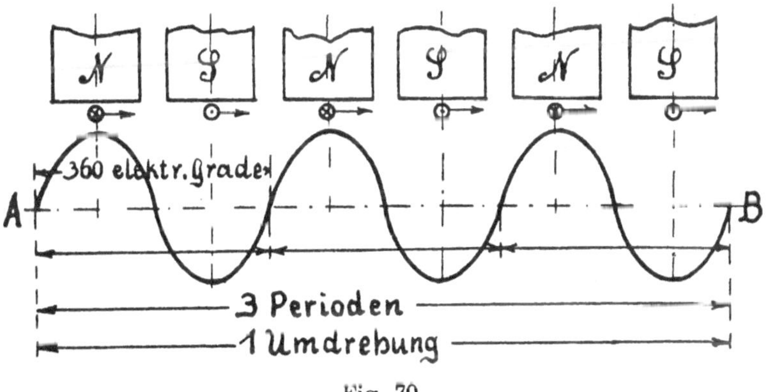

Fig. 70.

d den Wert $-E_{max}$ anzunehmen. In a wird die Spannung dann wieder gleich Null, worauf sich das Spiel wiederholt.

Ebenso wie die Spannung verläuft auch der Strom. In Fig. 70 ist der Verlauf einer Wellenlinie dargestellt, wie er sich bei drei Polpaaren ergibt.

Wicklungen.

Die einfachste Ausführung der Wicklungen ist die Käfigwicklung (Fig. 71). Sie besteht aus Stäben, welche parallel der Achse in Nuten liegen und an den Stirnseiten durch metallene Ringe kurzgeschlossen sind. Die Kurzschlußmotoren sind mit Käfigwicklung versehen.

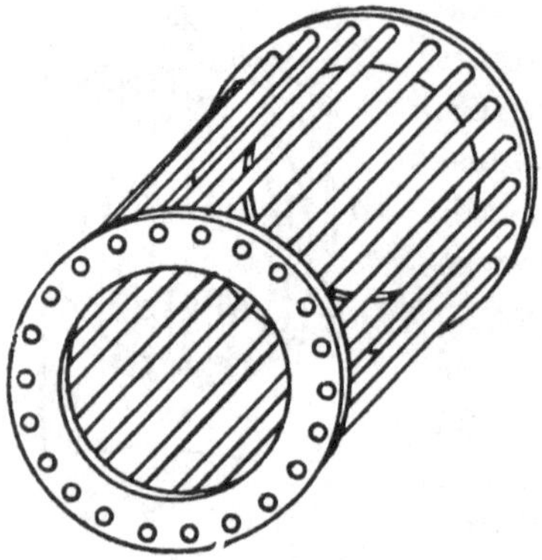

Fig. 71.

Bei Mehrphasenmaschinen werden Phasenwicklungen verwendet (Fig 71). Die Ankerwicklung setzt sich aus Spulengruppen zusammen, welche voneinander vollkommen unabhängig sein können. Bei einer vierpoligen Maschine (Fig. 72) seien N und S die Pole, 1, 2, 3 und 4 die Spulenseiten der einen, I, II, III und IV die Spulenseiten der anderen Gruppe. Werden die Spulen an den

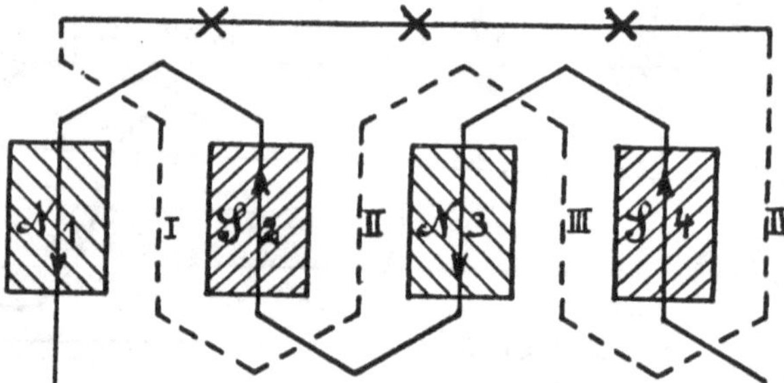

Fig. 72.

Polen vorbei bewegt, so entstehen Ströme in den Gruppen, welche die Verbrauchsapparate speisen.

Um den Strom bei Außenpolwechselstrommaschinen von dem sich drehenden Anker auf die feststehenden Bürsten übertragen zu können, und um bei Innenpolmaschinen den

Erregerstrom den sich drehenden Magneten zuführen zu können, werden Schleifringe verwendet.

Auf der Welle A (Fig. 73) sitzt eine Büchse B, welche die Isolation aufnimmt, auf welcher gut gegeneinander isoliert die Schleifringe r_1, r_2 und r_3 sitzen. Die Mutter M hält die Konstruktion zusammen. Drei Anschlußdrähte, von denen in der Figur zwei dargestellt sind, verbinden den Anker mit je einem Schleifringe.

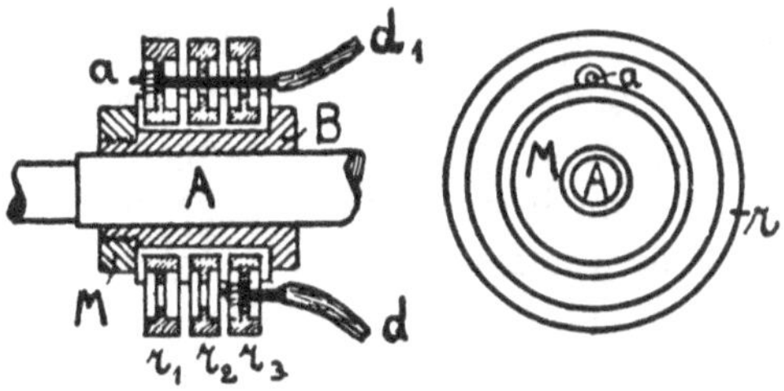

Fig. 73.

Frequenz.

In Deutschland ist die Frequenz meist 50, sie hängt ab von der Umdrehungszahl und von der Zahl der Polpaare. Bezeichnet man mit p die Zahl der Polpaare, mit n die Zahl der Umdrehungen in einer Minute, und mit z die Zahl der Frequenz, so erhält man die Formel

$$z = \frac{p\,n}{60},$$

$$p = \frac{60\,z}{n},$$

$$n = \frac{60\,z}{p}.$$

Für die gebräuchlichen Maschinen für 50 Perioden erhalten wir folgende Beziehungen

Zahl der Polpaare	Umdrehungszahl in der Minute
1	3000
2	1500
3	1000
4	750
5	600
6	500

Felderregung von Wechselstrommaschinen.

Die Erregung muß bei Wechselstromdynamos durch Gleichstrom erfolgen. In den meisten Fällen werden Wechselstromgeneratoren für hohe Spannungen gebaut, während die Erregerspannung niedrig ist. Da die Isolierung von Leitungen für hohe Spannungen wesentlich schwieriger ist als für niedrige Spannungen, so wird die Anordnung für Hochspannungsmaschinen so getroffen, daß Innenpolmaschinen gebaut werden, d. i. der sich drehende Teil, der Rotor, führt die Gleichstromspulen für die Erregung mit niedriger Spannung, während in dem ruhenden Teile, dem Stator, der hochgespannte Wechselstrom erzeugt wird. Nur bei Maschinen für niedrige Spannungen werden Außenpolmaschinen gebaut, bei welchen der Rotor Wechselstrom, der Stator Gleichstrom führt.

Der für die Erregung nötige Strom wird entweder von getrennt aufgestellten Gleichstromdynamos erzeugt oder von Erregerdynamos, welche auf derselben Welle wie die Wechselstromdynamo sitzen. In die Leitung zwischen Dynamo und Erregerwicklung wird ein feinstufiger Regulierwiderstand eingebaut, um die Kraftlinien in weitesten Grenzen und sehr fein verändern zu können.

Bei Turbogeneratoren müssen die Magneträder wegen der hohen Fliehkräfte möglichst klein gehalten werden. Die Pole sind mit dem Magnetkern ungeteilt verbunden, die Wickelköpfe erhalten Kappen, die Feldwicklung liegt in Nuten, welche durch aus Rotguß bestehende Keile abgeschlossen werden.

Infolge der Wirbelströme und Hysteresis werden Wechselstrommaschinen leicht warm. Sie müssen daher so gebaut werden, daß die Spulen gut gekühlt werden können. Die Luft muß an die Spulen möglichst leicht heran können, bei großen Maschinen erfolgt meist eine besondere Zuführung von Frischluft.

Einphasenwechselstrommaschinen.

Die Erzeugung der EMK erfolgt in gleicher Weise wie bei den Gleichstrommaschinen, indem die Kraftlinien eines magnetischen Feldes von stromführenden Drähten geschnitten werden.

Wir unterscheiden Maschinen mit rotierendem und mit feststehendem Anker. Die Maschinen mit rotierendem Anker sind ebenso gebaut wie die Gleichstrommaschinen. Die Ankerwicklung ist an Stelle eines Kollektors an zwei Punkten mit je einem Schleifring verbunden.

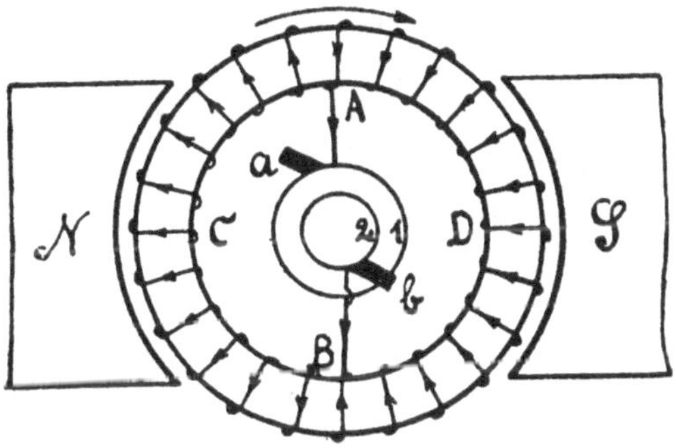

Fig. 74.

In den Figuren 74 und 75 ist eine zweipolige Maschine mit Ringanker dargestellt. Der Punkt A des Ankers ist mit dem Schleifring 1 und der Bürste a, der Punkt B mit Schleifring 2 und Bürste b verbunden. In Fig. 74 schneiden alle Drähte der einen Ankerhälfte die vor dem Nordpol liegenden Kraftlinien, alle Drähte der anderen Ankerhälfte die vor dem Südpol liegenden Kraftlinien. Wie aus der Pfeilrichtung zu erkennen ist, vereinigen sich die beiden EMK in A, fließen über den Schleifring 1 in das Netz, von dort zurück über Schleifring 2 nach B, von wo sich der Strom

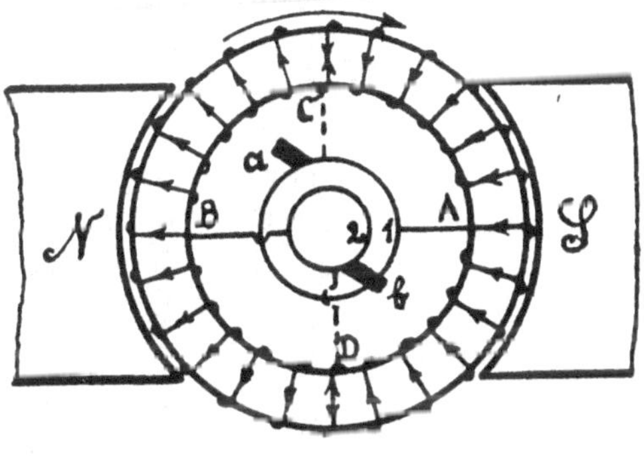

Fig. 75.

wieder in die beiden Wicklungshälften verteilt. Dreht sich der Anker um 90°, so erhalten wir die in Fig. 75 angegebene Lage. Die Punkte A und B liegen genau mitten vor den Polen. In der neutralen Zone haben wir jetzt keine Verbindung mit den Schleifringen, so daß kein Strom in das Netz fließen kann. Die Ströme stoßen vielmehr in C aufeinander und heben sich auf. Der Strom und die EMK sind gleich Null, während in der in Fig. 74 gezeichneten Lage Strom und EMK ihren Höchstwert besitzen

Mehrpolige Maschinen (Fig. 76) besitzen eine Anordnung, daß die Punkte der Wicklung in den neutralen Zonen abwechselnd mit den Schleifringen 1 und 2 verbunden sind. Auf diese Weise erhalten wir eine Parallelschaltung der Spulengruppen der drei Polpaare, welche jedoch in der Praxis nur selten angewandt wird. Die gebräuchliche Schaltung ist vielmehr die in Serienschaltung (Figur 77), wobei die Ankerwicklung nicht in sich geschlossen, sondern aufgeschnitten ist. Die zu jedem Pol gehörende Gruppe wird fertig gewickelt, die Verbindung der Enden erfolgt dann so, wie es die Figur angibt, es muß stets die Verbindung so hergestellt werden, daß die in den Spulen entstehen EMK hintereinander liegen. Das Ende der Spule I ist mit dem Ende von II, deren Anfang mit dem Anfang von III, deren Ende mit dem Ende von IV, der Anfang von IV mit dem Anfang von V, das Ende von V mit dem Ende von VI.

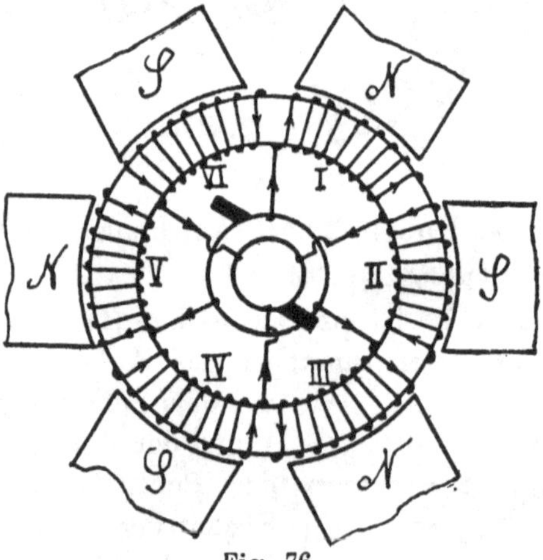

Fig. 76.

Anfang von I und VI bleiben offen und werden je an einen Schleifring angeschlossen.

Vergleichen wir die Maschine nach Fig. 76 mit der nach Fig. 77, so ergibt sich, daß die Maschine mit Serienschaltung eine sechsmal so große EMK besitzt wie die Maschine mit Parallelschaltung, die Stromstärke dagegen nur den sechsten Teil beträgt wie bei der Maschine mit Serienschaltung. Infolgedessen wird bei den Maschinen mit Serienschaltung erheblich an Kupfer gespart, da die Stromstärke geringer ist. Bei den ganz gewaltigen Kosten für Kupfer ergibt sich, daß die Maschinen nicht mit Parallelschaltung, sondern mit Serienschaltung zu wickeln sind.

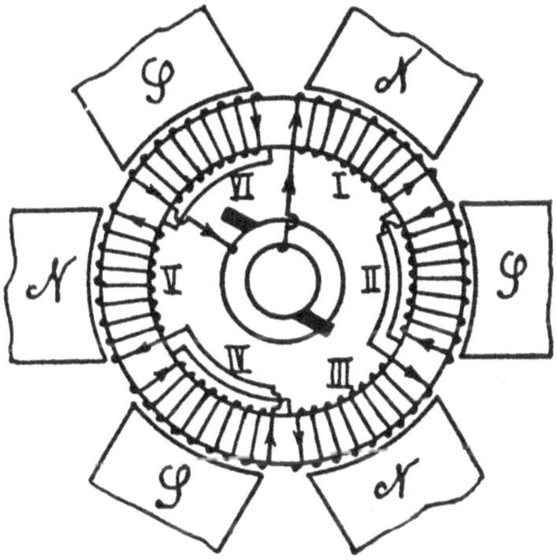

Fig. 77.

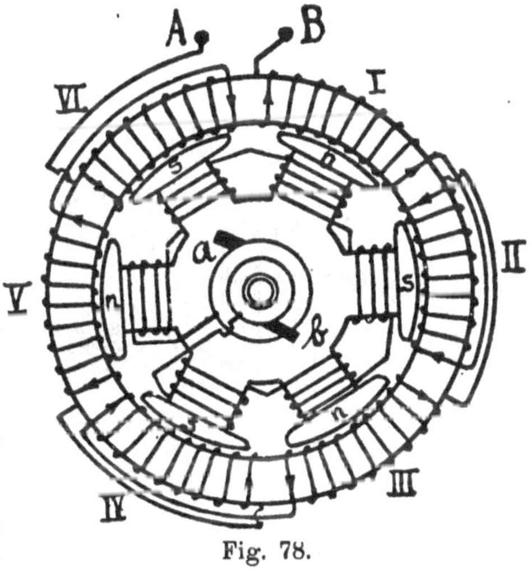

Fig. 78.

Für Hochspannung werden Maschinen mit stehendem Anker ausgeführt, da es leichter ist, ruhende Drähte gut zu isolieren als sich drehende. Es ist hierbei noch zu bedenken, daß Drähte, welche Hochspannung führen sollen, eine sehr dicke Isolation besitzen müssen, wodurch sich Schwierigkeiten bei der Befestigung der Drähte ergeben. Erfolgt die Anordnung des Ankers im Gehäuse, so ist keine Rücksicht auf die Bewegung zu nehmen, da jetzt die Ankerdrähte in einem ruhenden Teil untergebracht werden. Auch die Schleifringe kommen in Fortfall, so daß auch hier keine sich abnutzenden Teile mehr vorhanden sind. Der Anfang A und das Ende B der hintereinander geschalteten Spulen werden an ein Klemmbrett angeschlossen, von welchem aus der Strom in die Verbrauchsleitungen tritt (Fig. 78). Der niedriggespannte Gleichstrom wird in der bekannten Weise an das sich drehende Magnetfeld herangeführt, wobei Störungen durch Hochspannung ausgeschlossen sind.

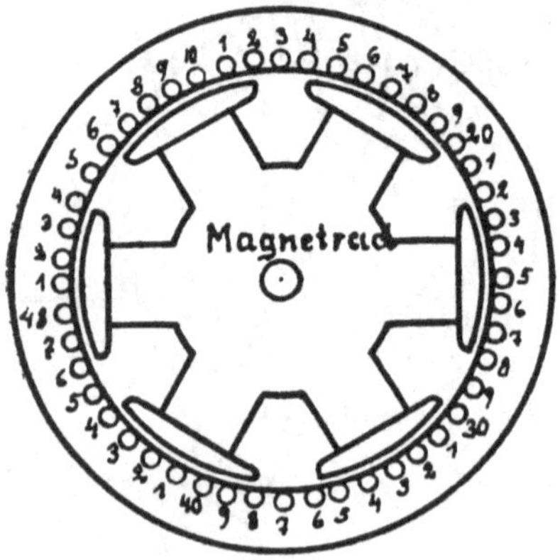

Fig. 79.

An Stelle der Maschinen mit Ringwicklung werden meist solche mit Trommelwicklung verwendet. Die wirksamen Ankerdrähte liegen in Nuten am inneren Umfang des Gehäuses. In Fig. 78 ist gezeigt, wie die Wicklung angeordnet ist, Fig. 79 zeigt das Schema der Trommelwicklung einer sechspoligen Maschine, deren Verlauf aus Fig. 80 erkenntlich ist. Von 21

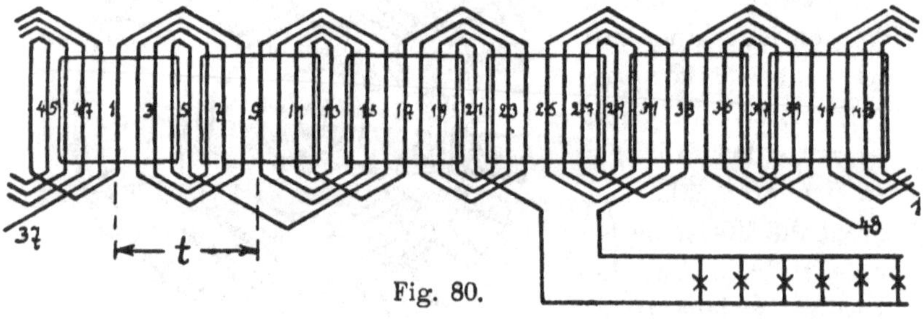

Fig. 80.

und 32 gehen die offenen Spulenenden zu den Klemmen, von welchen aus der Strom in das Netz fließt. Die Windungen liegen folgendermaßen:

Spule I 32, 25, 31, 26, 30, 27, 29, 28,
Spule II 33, 40, 34, 39, 35, 38, 36, 37,
Spule III 48, 41, 47, 42, 46, 43, 45, 44,

Spule IV 1, 8, 2, 7, 3, 6, 4, 5,
Spule V 16, 9, 15, 10, 14, 11, 13, 12,
Spule VI 17, 24, 18, 23, 19, 22, 20, 21.

Die freien Enden werden an Klemmen geführt, von welchen aus die Leitung zu den Verbrauchsapparaten führt.

Effektivwerte des Wechselstromes.

Wie wir gesehen haben, schwanken die Stärke und Spannung des Stromes zwischen Null und einem Maximum, und zwar sowohl positiv als auch negativ. In der Praxis wird der effektive Wert gemessen, welchen wir mit J und E bezeichnen wollen, den Maximalwert mit J_{max} und E_{max}.

Die für Wechselstrommessungen gebräuchlichen Meßinstrumente zeigen den effektiven Wert an. Multipliziert man diesen mit 1,414 ($\sqrt{2}$), so erhält man den Maximalwert.

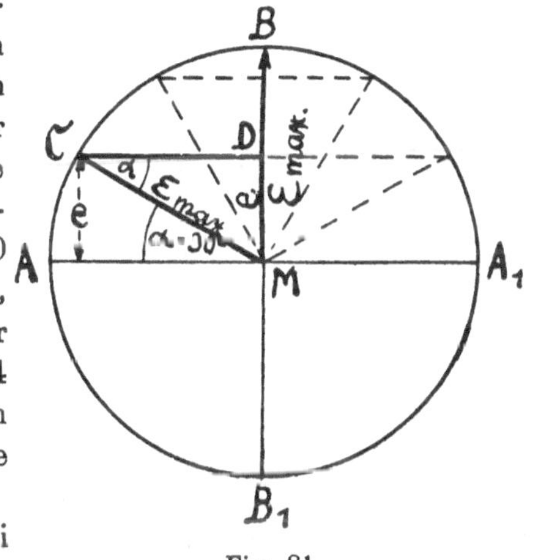

Fig. 81.

Dies ist bei der Berechnung von Maschinen zu beachten, vornehmlich für die Isolation der Drähte. Wenn z. B. eine Maschine für eine effektive Spannung von 10000 Volt gebaut werden soll, muß die Isolation der Drähte für 10000 · 1,414 = 14140 Volt bemessen werden, um Durchschläge zu verhüten.

Die EMK ist bei Wechselstrommaschinen von denselben Werten wie bei den Gleichstrommaschinen abhängig, nämlich von der Zahl der Kraftlinien, welche von den Magneten zum Anker gehen, von der Zahl der wirksamen Ankerdrähte und von der Drehgeschwindigkeit. Die Regulierung erfolgt meist durch Veränderung der Kraftlinienzahl.

Da bei Wechselstrommaschinen der Wert zwischen Null und einem Maximum schwankt, so wird auch hier der effektive Wert genommen, der Maximalwert ist 1,414 mal so groß.

Bezeichnet man mit

E die effektive EMK,

E_{max} den Höchstwert der EMK,

e die momentane EMK, zu einer beliebigen Zeit,

α den Winkel, um den sich der Anker in dieser Zeit gedreht hat,

J die effektive Stromstärke,

J_{max} den Höchstwert der Stromstärke,

U die Umdrehungszahl der Maschine in einer Minute,

p die Zahl der Polpaare,

N die Zahl der Kraftlinien, auf ein Polpaar berechnet,

Z die Zahl der wirksamen Ankerdrähte,

so ist

$$E_{max} = \frac{\pi\, p\, U\, N\, Z}{6 \cdot 1000000000} = \pi\, p\, \frac{U}{60}\, N\, Z\, 10^{-8}.$$

$$E = \frac{E_{max}}{1{,}414(\sqrt{2})} = \frac{\pi\, p \cdot U \cdot N\, Z\, 10^{-8}}{60 \cdot 1{,}414} = \frac{3{,}141}{1{,}414}\, p\, \frac{U}{60}\, NZ\, 10^{-8}.$$

$$= 2{,}22 \cdot p \cdot \frac{U}{60} \cdot N\, Z\, 10^{-8}.$$

$$J_{max} = \frac{E_{max}}{W},$$

$$J = \frac{J_{max}}{\sqrt{2}} = \frac{J_{max}}{1{,}414},$$

$$e = E_{max} \sin \alpha$$

Trägt man in einem Kreise (Fig. 81) den Radius MB als Höchstwert der EMK ein während der ersten Periode, MB_1 als Höchstwert während der 2. Periode, und läßt den Vektor MB auf dem Kreise rotieren, so erhält man die verschiedensten Werte der EMK. In dem Diagramm ist MA die Anfangsstellung des Vektors bei Beginn einer Periode. Das Lot von A auf MB trifft den Vektor in M, der Wert der EMK ist somit gleich Null. Hat sich der Vektor bis C gedreht, so schneidet ein von C auf MB gefälltes Lot die

Strecke MD ab, welche die Größe der zugehörigen EMK angibt. Der Vektor hat sich um den Winkel α gedreht.

Im rechtwinkligen Dreieck ist

$$\sin \alpha = \frac{MD}{MC}.$$

MC ist gleich MB und gleich E_{max}, MD = e, demnach

$$\sin \alpha = \frac{e}{E_{max}}.$$

$$e = E_{max} \sin \alpha.$$

Mit dieser Formel kann man, wenn E_{max} bekannt ist, für alle Winkel die Momentanwerte berechnen. In der folgenden Aufstellung sind für einen Maximalwert von 380 Volt die Momentanwerte für alle Winkel von 0 bis 180° in Abständen von 10° berechnet.

α	sin α	Momentanwert	α	sin α	Momentanwert
0°	0,0000	0,000	100°	0,9848	374,224
10°	0,1736	65,968	110°	0,9397	357,086
20°	0,3420	129,960	120°	0,8660	329,080
30°	0,5000	190,000	130°	0,7660	291,080
40°	0,6428	244,264	140°	0,6428	244,264
50°	0,7660	291,080	150°	0,5000	190,000
60°	0,8660	329,080	160°	0,3420	129,960
70°	0,9397	357,086	170°	0,1736	65,968
80°	0,9848	374,224	180°	0,0000	0,000
90°	1,0000	380,000			

Addiert man die Momentanwerte und dividiert die so erhaltene Zahl durch die Zahl der Momentanwerte, so erhält man den Mittelwert E_m.

$$E_m = \frac{\Sigma e}{n},$$ [1]

worin E_m den Mittelwert, e den Momentanwert und n die Anzahl der Momentanwerte bedeutet.

Im vorliegenden Beispiel ist die Summe der Momentanwerte 5341, die Zahl der Momentanwerte ist 19, so daß ein Mittelwert von rd. 281 Volt errechnet wird.

[1] Σ ist ein Zeichen für Summe.

Der Mittelwert ist nicht zu verwechseln mit dem Effektivwert.

In der folgenden Tabelle sind die Sinus und Cosinus der Winkel von 5 zu 5 Grad angegeben. Die erste Spalte gibt die Grade an, ebenso die vierte. Liest man die Grade in der ersten Spalte von oben nach unten, so findet man in der 2. Spalte die Sinus, in der 3. die Cosinus. Liest man die Grade in der 4. Spalte von unten nach oben, so erhält man in der 2. Spalte die Cosinus, in der 3. die Sinus. Z. B. für 35° ist der Sinus 0,5736, der Cosinus 0,8192, für 55° ist der Sinus 0,8192, der Cosinus 0,5736.

Grad	Sinus	Cosinus	Grad
0	0,0000	1,0000	90
5	0,0872	0,9962	85
10	0,1736	0,9848	80
15	0,2588	0,9659	75
20	0,3420	0,9397	70
25	0,4226	0,9063	65
30	0,5000	0,8660	60
35	0,5736	0,8192	55
40	0,6428	0,7660	50
45	0.7071	0,7071	45
Grad	Cosinus	Sinus	Grad

Die Leistung L eines Wechselstromes ist gleich $E \cdot J$. Da $J = \frac{E}{w}$, und hieraus $E = J \cdot w$ ist, so ist $L = \frac{E^2}{w}$.

Die Momentanleistung ist $l = e \cdot i = \frac{e^2}{w}$. Die Leistung L ist ferner gleich dem Mittelwert aus den Einzelleistungen. Nennt man die Zahl der Einzelleistungen n, so ergibt sich

$$L = \frac{l}{n} = \frac{1}{n} \cdot \frac{\sum \frac{e^2}{w}}{n}.$$

$$\frac{E^2}{W} = \frac{\Sigma e^2}{n W}$$

$$E^2 = \frac{\Sigma e^2}{n},$$

d. i. das Quadrat des Effektivwertes E ist gleich der Summe der Quadrate der Momentanwerte e, dividiert durch ihre Zahl n.

Aus dem Diagramm (Fig. 81) haben wir gesehen, daß

$$e = E_{max} \cdot \sin \alpha$$

ist. Hieraus ergibt sich durch Quadrierung

$$e^2 = E^2_{max} \cdot \sin^2 \alpha.$$

Als Schlußformel ergibt sich

$$E^2 = \frac{\Sigma E^2_{max} \cdot \sin^2 \alpha}{n}.$$

Bei einer Messung von Einzelleistungen während einer halben Periode im Abstand von 15° seien folgende Winkel festgestellt: 0°, α, β, γ, δ, ε. 90°, 90° + α, 90° + β, 90° + γ, 90° + δ, 90° + ε, so ist

$$E^2 = E^2_{max} (\sin^2 0^0 + \sin^2 \alpha + \sin^2 \beta + \sin^2 \gamma + \sin^2 \delta + \sin^2 \varepsilon + \sin^2 90^0 + \sin^2 [90^0+\alpha] + \sin^2 [90^0+\beta] + \sin^2 [90^0+\gamma] + \sin^2 [90^0 + \delta] + \sin^2 [90^0 + \varepsilon]) : 12.$$

Da sin (90° + α) = cos α ist, so erhalten wir

$$E^2 = E^2_{max} (\sin^2 0^0 + \sin^2 \alpha + \sin^2 \beta + \sin^2 \gamma + \sin^2 \delta + \sin^2 \varepsilon + \sin^2 90^0 + \cos^2 \alpha + \cos^2 \beta + \cos^2 \gamma + \cos^2 \delta + \cos^2 \varepsilon) : 12,$$

$$E^2 = E^2_{max} (\sin^2 0^0 + [\sin^2 \alpha + \cos^2 \alpha] + [\sin^2 \beta + \cos^2 \beta] + [\sin^2 \gamma + \cos^2 \gamma] + [\sin^2 \delta + \cos^2 \delta] + [\sin^2 \varepsilon + \cos^2 \varepsilon] + \sin^2 90^0) : 12.$$

Da ($\sin^2 \alpha + \cos^2 \alpha$) = 1 ist, erhalten wir

$$E^2 = \frac{E^2_{max} (0 + 1 + 1 + 1 + 1 + 1 + 1)}{12} = \frac{\frac{12}{2} \cdot E^2_{max}}{12}.$$

In vorliegendem Beispiel sind 12 Messungen angestellt. Werden allgemein n-Messungen vorgenommen, so erhält man, indem man für 12 den Wert n setzt:

$$E^2 = \frac{\frac{n}{2} \cdot E^2_{max}}{n} = \frac{E^2_{max}}{2}.$$

$$E = \sqrt{\frac{E^2_{max}}{2}} \cdot \frac{E_{max}}{\sqrt{2}} = \frac{E_{max}}{1{,}414}.$$

$$E_{max} = E \cdot \sqrt{2} = E \cdot 1{,}414.$$

In gleicher Weise ergibt sich für die Stromstärke folgende Rechnung:

$$L = E\,J = J^2\,W,$$

$$l = e\,i = i^2 \cdot W,$$

$$L = \frac{\Sigma\,l}{n} = \frac{\Sigma\,i^2\,W}{n},$$

$$J^2\,W = \frac{\Sigma\,i^2\,W}{n},$$

$$J^2 = \frac{\Sigma\,i^2}{n}.$$

Nun ist $i = J_{max} \cdot \sin\alpha$, folglich, bei gleicher Entwicklung, wie eben mit E ausgeführt:

$$J^2 = \frac{\Sigma\,J^2_{max} \cdot \sin^2\alpha}{n} = \frac{\frac{n}{2} \cdot J^2_{max}}{n} = \frac{J^2_{max}}{2}.$$

$$J = \frac{\sqrt{J^2_{max}}}{\sqrt{2}} = \frac{J_{max}}{\sqrt{2}} = \frac{J_{max}}{1{,}414}.$$

$$J_{max} = J \cdot \sqrt{2} = J \cdot 1{,}414.$$

In der folgenden Tabelle sind für verschiedene Effektivspannungen die Maximalspannungen angegeben.

Effektivspannung	Maximalspannung
110	155
120	170
210	294
220	310
380	536
500	705

Betrachtet man die Maximalspannungen im Verhältnis zu den Effektivspannungen, so erkennt man, daß die Isolation der Drähte bei Wechselstromanlagen und Wechselstrommaschinen eine erheblich bessere sein muß als in Gleichstromanlagen, um Durchschläge zu verhüten.

Ohmsches Gesetz für Wechselströme, Phasenverschiebung.

Nach dem Ohmschen Gesetz war

$$J = \frac{E}{W}.$$

Dieses Gesetz ist aber nur für Gleichstrom anwendbar, für Wechselstrom nur dann, wenn es sich um induktionsfreie Belastung handelt, d. i. wenn in dem Netz nur Glühlampen brennen, nicht aber Spulen mit Eisenkörper oder nahe beieinander liegenden Windungen vorhanden sind.

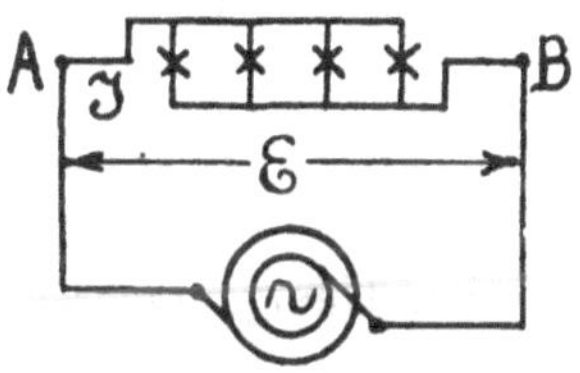

Fig. 82.

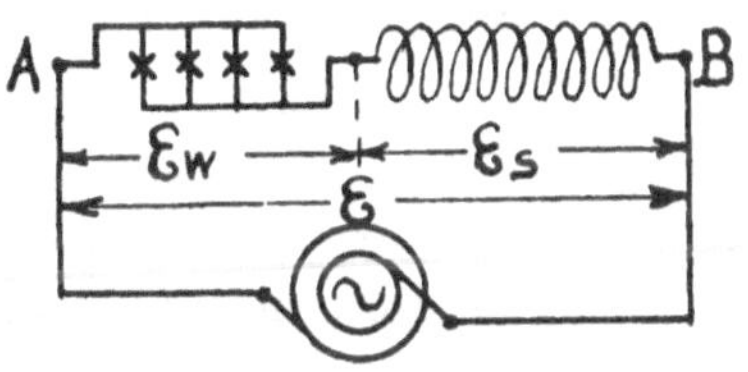

Fig. 83.

So ist z. B. in Fig. 82 eine Anlage dargestellt, welche nur Glühlampen versorgt. Der Strom ist J, die Spannung E. Haben wir aber (Fig. 83) außer der Glühlampenbelastung noch eine Spule eingeschaltet, so entsteht in der Spule Selbstinduktion, welche der EMK entgegenarbeitet. Die momentane Größe der Selbstinduktion sei e_s, W der Widerstand der Spule, so ist

$$J = \frac{e + e_s}{W}.$$

Bei nicht gleichmäßigem Strom sahen wir, daß Selbstinduktion auftritt. Wenn sich der Strom J in dt Sekunden um dJ ändert, so ändert sich das Kraftlinienfeld F um dF, wodurch eine Selbstinduktion erzeugt wird. Die Größe der EMK ist

$$E_s = \frac{dF}{dt} 10^{-8} \text{ Volt.}$$

Die Selbstinduktion wirkt der Kraftlinienänderung entgegen, sie fließt in entgegengesetzter Richtung. Um dies auszudrücken, versehen wir den Wert mit dem entgegengesetzten Vorzeichen

$$E_s = - \frac{dF}{dt} 10^{-8} \text{ Volt.}$$

Haben wir eine Spule mit z Windungen, so ist

$$E_s = - z \frac{dF}{dt} 10^{-8} \text{ Volt.}$$

Die durch die Selbstinduktion entstandene EMK wird in der Praxis meist nicht durch die Veränderung der Kraftlinien, sondern durch die Veränderung der Stromstärke ausgedrückt, so daß die Formel dann folgendermaßen lautet:

$$E_s = - L \frac{dJ}{dt} \text{ Volt,}$$

worin J in Amp. ausgedrückt ist. L nennen wir den Koeffizienten der Selbstinduktion; er wird in Henry gemessen.

Es ist

$$E_s = - z \frac{dF}{dt} 10^{-8} = - L \frac{dJ}{dt}.$$

Hieraus ergibt sich

$$L = z \frac{dF}{dJ} 10^{-8}.$$

Ist $z = 1$, so finden wir, daß der Selbstinduktionskoeffizient L die Zahl der durch die Stromeinheit erzielten Kraftlinienzahl, multipliziert mit 10^{-8}, darstellt.

Wenn $L = 0$ ist, erhalten wir für e_s den Wert Null, d. i. bei $L = 0$ ist der Widerstand induktionsfrei

Haben wir eine Spule mit Selbstinduktion und Widerstand, so können wir diese als eine widerstandslose Spule betrachten, welcher ein induktionsfreier Widerstand vorgeschaltet ist, z. B. Glühlampen (Fig. 83). Wir erhalten dann

$$E = E_s + E_w.$$

Dem Durchfließen des Stromes stellt sich der Widerstand der Leitung und die elektromotorische Gegenkraft der Selbstinduktion entgegen, die Summe von Widerstand und EMK der Selbstinduktion nennen wir. scheinbaren Widerstand W_s.

Wie jede Wicklung, so besitzt auch jede Ankerwicklung einer Wechselstromdynamo Selbstinduktion, da die Spulen in Eisen liegen. Die EMK der Dynamo muß daher den Ankerwiderstand und die EMK der Selbstinduktion überwinden. Die Klemmenspannung ist daher um so viel Volt geringer, als nötig sind, um den scheinbaren Widerstand zu überwinden.

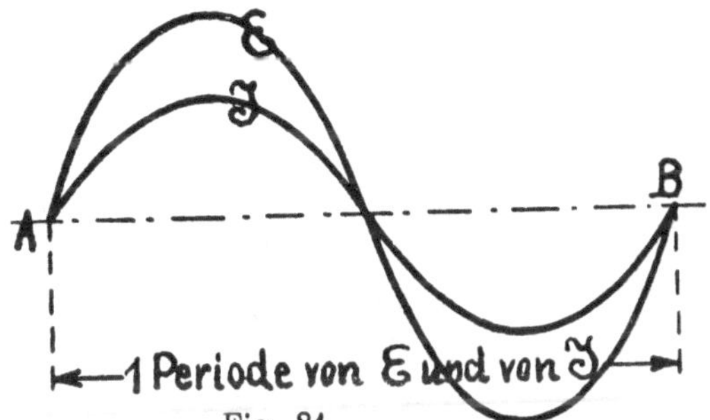

Fig. 84.

Der scheinbare Widerstand ist somit größer als der Ohmsche Widerstand.

Bei Wechselstrommaschinen ist ferner zu beachten, daß der Strom hinter der Spannung um einen bestimmten Winkel zurückbleibt.

Bei Gleichstrom sahen wir, daß Strom und Spannung stets zu gleicher Zeit ihren Nullwert und ihren Höchstwert haben (Fig. 84). Dasselbe ist der Fall, wenn wir induktionsfreie Belastung bei Wechselstrom, z. B. Glühlampen, haben. Bei induktiver Belastung ändert sich dies. Infolge der auftretenden und der EMK E entgegengesetzten EMK der Selbstinduktion tritt ein Zurückdrängen des Stromes ein, so daß derselbe eine bestimmte Zeit hinter der EMK E zurückbleibt. In Figur 85 ist diese Phasenverschiebung zwischen Spannung und Strom dargestellt, und zwar um $^1/_{12}$ Periode, d. i. um 30 elektrische Grade. Je mehr der scheinbare Widerstand W_s im Verhältnis zum wirklichen Widerstand W zunimmt, um so größer wird die Phasenverschiebung.

Bei Leitungen ohne Selbstinduktion ist $W_s = W$, dann wird die Phasenverschiebung gleich Null.

Bei Leitungen ohne Ohmschen Widerstand, bei denen W_s nur die Folge der Selbstinduktion ist, wird die Phasenverschiebung gleich $^1/_4$ Periode, d. i. der Strom hat gegen die Spannung eine Phasenverschiebung von 90^0, er bleibt um diesen Wert hinter der Spannung zurück.

Bei Leitungen mit Kondensatoren wirken die Kondensatoren entgegengesetzt wie die Spulen, der Strom eilt jetzt der Spannung voraus

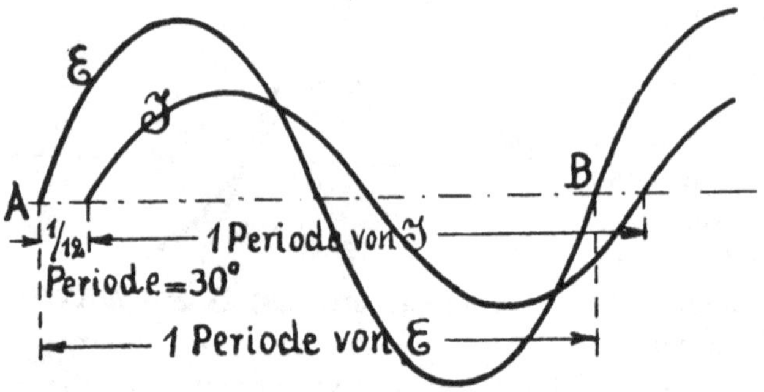

Fig. 85.

Die EMK der Selbstinduktion ist abhängig von dem Selbstinduktionskoeffizienten L, dem Strom J und dem Wert ω, welcher gleich $2\pi\sim$ ist, worin $\sim$ die Frequenz bedeutet.

Bei einer Periodenzahl von 50 erhalten wir

$$\omega = 2\pi\sim = 2 \cdot 3{,}14 \cdot 50 = 314.$$

Ferner ist

$$E_s = J\,\omega\,L = J\,2\pi\sim L.$$

Eine Spule habe L = 0,05 Henry, es soll die EMK der Selbstinduktion berechnet werden, wenn die Periodenzahl 50 und der Strom 10 Amp. beträgt.

$$E_s = J\,\omega\,L = J \cdot 2\pi\sim L = 10 \cdot 2 \cdot 3{,}14 \cdot 50 \cdot 0{,}05 = 157 \text{ Volt.}$$

In Fig. 86 ist dargestellt, wie sich die Kurve von E^s zu der von J, welcher durch E_w bedingt ist, verhält. E_s

hat seine Höchstwerte bei a_1, c_1 und e_1 J ist bei a Null, während E_s zur selben Zeit seinen Höchstwert bei a_1 hat, wobei J entgegengesetzte Richtung wie E_s hat. Wenn J durch Null geht, hat E_s seinen Höchstwert, geht E_s durch Null, hat J seinen Höchstwert.

Die Stromkurve eilt der Spannungskurve um 90° nach, oder Strom und Spannung haben eine Phasenverschiebung von $^1/_4$ Periode.

Eine Leitung habe Widerstand und Selbstinduktion, E_w habe den Ohmschen Widerstand, E_s (die Induktanz) habe die EMK der Selbstinduktion. In der Fig. 87 ist AD = E_s, senkrecht dazu steht E_w. Bildet man durch das Pa-

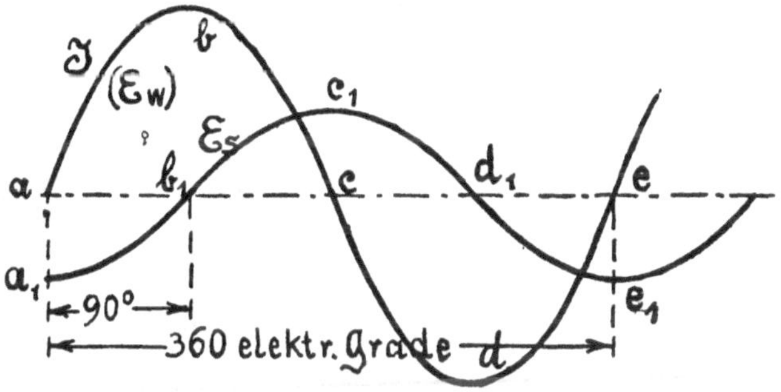

Fig. 86.

rallelogramm der Kräfte die Resultierende, so ist diese gleich E, welche den scheinbaren Widerstand (Impedanz) überwindet.

In dem Rechteck ACB ist nach dem Pythagoräischen Lehrsatz

$$AC^2 = CB^2 + AB^2$$
$$E^2 = E_s^2 + E_w^2,$$
$$E = \sqrt{E_s^2 + E_w^2}.$$

Ferner ist, wie aus der Figur ersichtlich,

$$J^2 W_s^2 = J^2 W^2 + J^2 (\omega L)^2,$$
$$W_s^2 = W^2 + (\omega L)^2,$$
$$W_s = \sqrt{W^2 + (\omega L)^2} = \sqrt{W^2 + (2 \pi \sim L)^2}.$$

Kennt man den Ohmschen Widerstand einer Leitung, ihr Selbstpotential und die Periodenzahl, so kann man mit Hilfe dieser Formel den scheinbaren Widerstand berechnen.

Man kann für Wechselstrom das Ohmsche Gesetz in folgender Form aufstellen

$$J = \frac{E}{\sqrt{W^2 + (\omega L)^2}},$$

$$E = J\sqrt{W^2 + (\omega L)^2},$$

$$W_s = \sqrt{W^2 + (\omega L)^2} = \frac{E}{J}.$$

Da $(\omega L)^2 = W_s^2 - W^2$ ist, so erhalten wir

$$L = \frac{\sqrt{W_s^2 - W^2}}{\omega},$$

$$\omega = \frac{\sqrt{W_s^2 - W^2}}{L} = 2\pi \sim,$$

$$\sim = \frac{\sqrt{W_s^2 - W^2}}{2\pi L}.$$

Aus der Figur ist ersichtlich, daß der Strom gegen die Spannung eine Phasenverschiebung von φ Grad hat. Es ist

$$\cos\varphi = \frac{W}{W_s} \text{ (Fig. 88)},$$

$$W_s = \frac{W}{\cos\varphi},$$

$$W = W_s \cos\varphi.$$

Wenn in einer Leitung keine Selbstinduktion vorhanden ist, wird $W = W_s$, $\cos\varphi = 1$ und $\varphi = 0$. (Tabelle auf Seite 70.) Ist der Ohmsche Widerstand gleich Null, so ist

$$W = 0, \text{ also } \frac{W}{W_s} = \cos\varphi = 0 \text{ und } \varphi = 90^0$$

Einige Beispiele seien zur Übung angefügt.

Es soll errechnet werden, wie groß die Stromstärke ist, welche durch eine Leitung von 6 Ohm Widerstand und einer Selbstinduktion von 0,02 Henry fließt. Die Periodenzahl ist 50, die Spannung 110 Volt.

$$J = \frac{E}{\sqrt{W^2 + (\omega L)^2}}.$$

$$J = \frac{110}{\sqrt{6^2 + (314 \cdot 0.02)^2}} = \frac{110}{\sqrt{36 + 39}}$$

$$= \frac{110}{\sqrt{75}} = \frac{110}{8,66} = 12,7 \text{ Amp.}$$

Durch eine Spule, welche einen Widerstand von 30 Ohm und eine Selbstinduktion von 0,02 Henry hat, geht ein Wechselstrom von 12 Amp. bei 50 Perioden. Es soll berechnet werden:

1. der scheinbare Widerstand,
2. die Klemmenspannung E,

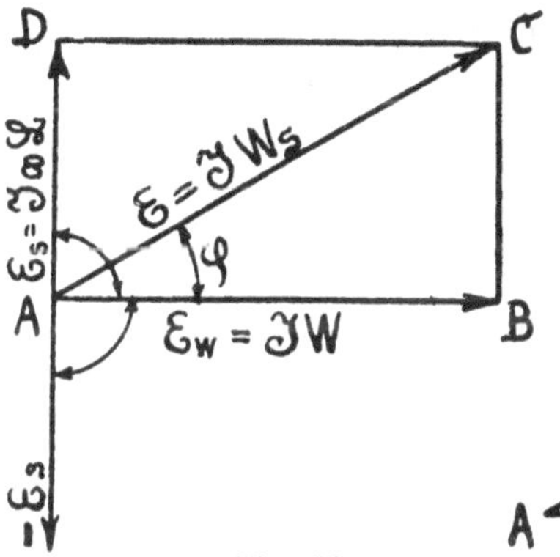

Fig. 87.

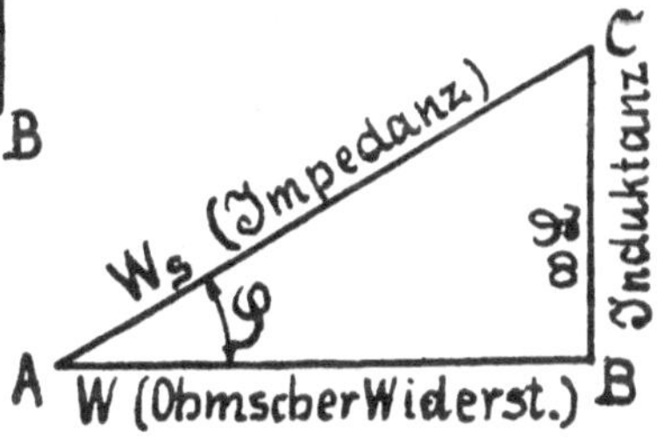

Fig. 88.

3. der cos φ,
4. die Phasenverschiebung φ,
5. die Komponente E_w, welche den Ohmschen Widerstand überwindet,
6. die Komponente E_s, welche die Selbstinduktion überwindet.

1. $W_s = \sqrt{W^2 + (\omega L)^2} = \sqrt{30^2 + (314 \cdot 0,02)^2}$
   $= \sqrt{900 + 39} = \sqrt{939} = 30,64$ Ohm.
2. $E = J \cdot W_s = 12 \cdot 30,64 = 367,68$ Volt.
3. $\cos\varphi = \frac{W}{W_s} = \frac{30}{30,64} = 0,98.$
4. φ = rd. 10^0. (Tabelle Seite 70),
5. $E_w = J \cdot W = 12 \cdot 30 = 360$ Volt.
6. $E_s = J\,\omega L = 12 \cdot 314 \cdot 0,02 = 12 \cdot 6,24$
   = rd. 75 Volt.

Eine Spule (Fig. 89) von 5 Ohm Widerstand ist an eine vierpolige Maschine von 900 Umdrehungen/min angeschlossen, welche eine Klemmenspannung von 65 Volt hat. Durch die Spule geht ein Strom von 6,5 Amp. Es sollen berechnet werden:

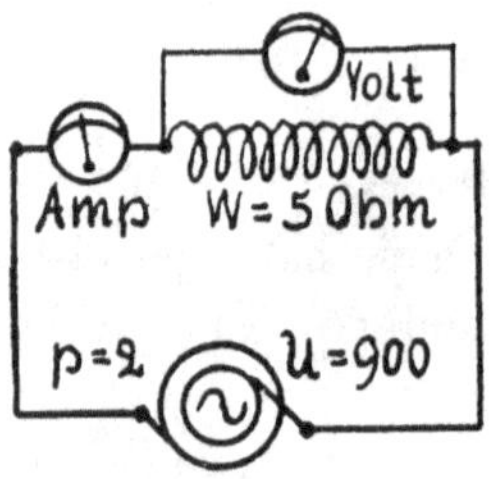

Fig. 89.

1. der scheinbare Widerstand W_s,
2. die Frequenz $\sim$,
3. der Selbstinduktionskoeffizient.

1. $E = J \cdot W_s,\ W_s = \frac{E}{J} = \frac{65}{6{,}5} = 10\,\text{Ohm},$

2. $\sim = p \cdot \frac{U}{60} = 2\,\frac{900}{60} = 30,$

3. $\omega L = \sqrt{W_s^2 - W^2},$

$$L = \frac{\sqrt{W_s^2 - W^2}}{\omega} = \frac{\sqrt{10^2 - 5^2}}{2 \cdot 3{,}14 \cdot 30} = \frac{\sqrt{75}}{188{,}5}$$

$$= \frac{8{,}66}{188{,}5} = 0{,}046\ \text{Henry}.$$

Leistung des Wechselstromes.

Bei Gleichstrom ist die Leistung gleich dem Produkt von Stromstärke und Spannung

$$W = J \cdot E.$$

Bei induktionsfreier Belastung von Wechselstromleitungen ist die Leistung gleichfalls gleich dem Produkt aus Stromstärke und Spannung.

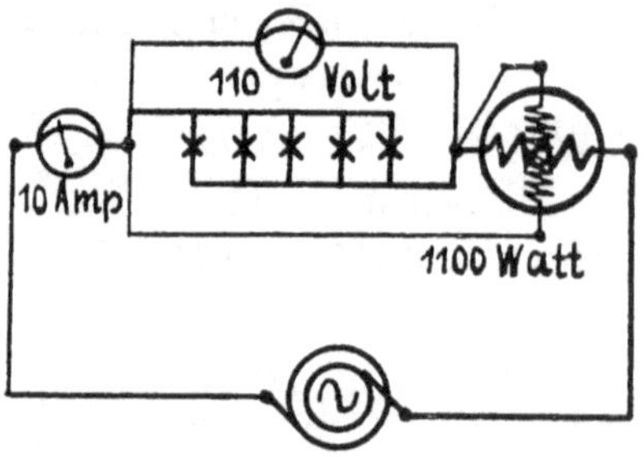

Fig. 90.

Schaltet man in eine mit Wechselstrom gespeiste Lichtanlage ein Amperemeter, ein Voltmeter und ein Wattmeter (Fig. 90), so ergibt die Messung, daß das Produkt der Ablesung an Amperemeter und Voltmeter gleich dem der Ablesung am Wattmeter ist. In der Figur ist ein Strom von 10 Amp., eine Spannung von 110 Volt und ein Wattverbrauch von 1100 Watt angegeben.

Ist induktive Belastung, z. B. Motoren, vorhanden, so muß der scheinbare Widerstand überwunden werden Wird in einen Stromkreis mit induktiver Belastung ein Voltmeter eingeschaltet, so zeigt das Voltmeter einen höheren Wert an als bei Gleichstrom (Fig. 91). Das Produkt aus Stromstärke und Spannung ergibt die scheinbare Leistung, während das Wattmeter die wirkliche Leistung anzeigt, welche kleiner ist als das Produkt aus den Ablesungen an Volt- und Amperemeter.

Die scheinbare Leistung EJ wird in Volt/Ampere (VA), die wahre Leistung W in Watt ausgedrückt. In der Praxis wird von diesen Werten der tausendfache Betrag genommen, so daß die scheinbare Leistung in Kilo-VoltAmpere (kVA), die wahre Leistung in Kilowatt (kW) gemessen wird.

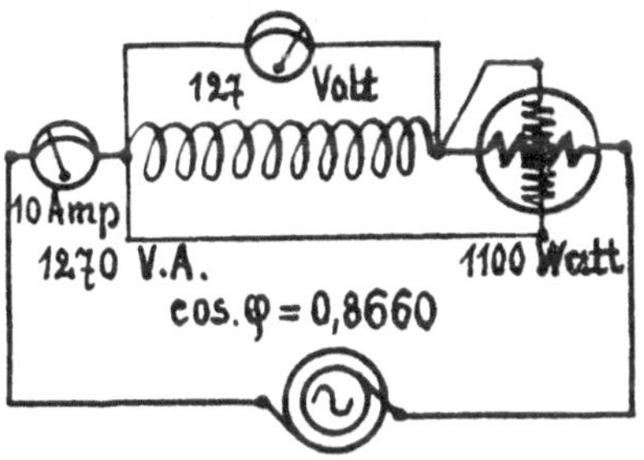

Fig. 91.

Den Quotienten „wahre Leistung : scheinbare Leistung“ nennt man den Leistungsfaktor, seine Größe hängt von dem Winkel ab, um den Spannung und Stromstärke gegeneinander verschoben sind. Man bezeichnet ihn mit cos φ

Aus den Angaben in Fig. 91 errechnet man den Leistungsfaktor zu

$$\cos \varphi = \frac{1100}{1270} = 0,866.$$

Die normalen Bedingungen für den Anschluß von Motoren an öffentliche Elektrizitätswerke enthalten Tabellen über den Leistungsfaktor von Einphasen- und Mehrphasenmotoren, welche nachstehend aufgeführt sind.

Leistungsfaktor von Einphasenmotoren.

Bei Motoren	Bei Vollast	Bei 1/4 Vollast
bis einschl. 0,5 PS	0,60	—
über 0,5—1 „	0,65	—
„ 1 —1,5 „	0,70	—
„ 1,5—5 „	0,73	0,60
„ 5 — 10 „	0,75	0,65
„ 10 — 15 „	0,77	0,67
„ 15 — 20 „	0,80	0,70
„ 20 „	0,82	0,72

Leistungsfaktor von Mehrphasenmotoren.

Bei Motoren	Bei Vollast cos φ nicht kleiner als
bis einschl. 5 PS	0,60
„ „ 1 „	0,65
„ „ 1,5 „	0,70
„ „ 5 „	0,75
„ „ 10 „	0,77
„ „ 15 „	0,80
„ „ 20 „	0,82
über 20 „	0,85

Der Wirkungsgrad η ist das Verhältnis $\frac{\text{Abgabe}}{\text{Aufnahme}}$.

In der folgenden Tabelle ist für einige Motoren der Wirkungsgrad berechnet:

Leistungsabgabe in PS	Leistungsabgabe in kW	Aufnahme in kW	Wirkungsgrad η
7,48	5,5	6,6	0,83
10,2	7,5	8,8	0,85
13,6	10	11,7	0,86
17	12,5	14,5	0,86
20,4	15	17	0,88

Leistungsabgabe in PS	in kW	Aufnahme in kW	Wirkungsgrad η
27,2	20	22,5	0,89
34	25	28	0,89
40,8	30	33,5	0,90
54,4	40	44	0,91
68	50	55	0,91
81,6	60	65,5	0,92

Wattloser Strom.

Wir haben gesehen, daß der Strom der Spannung nacheilt, und zwar um einen Winkel φ. In Figur 92 sei AB die Spannung, AC der Strom, welcher um den Winkel φ der Spannung nacheilt.

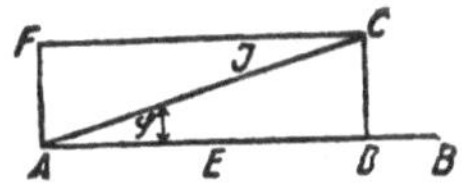

Fig. 92.

Es ist dann die Leistung $W = AB \cdot AC \cdot \cos \varphi$.

Da $\cos \varphi = \frac{AD}{AC}$ ist, so ist $AC \cdot \cos \varphi = AD$, somit $W = AB \cdot AD$.

Betrachtet man in dem Rechteck ADCF die Strecken AD und AF als Komponenten, so ist AC die Resultierende.

Aus der Formel $W = AB \cdot AD$ sehen wir, daß für die Leistung der Wert von AF (CD) nicht in Betracht kommt. Die Stromkomponente AF fällt somit für die Leistung aus, man nennt diesen Wert die wattlose Komponente, AC die Wattkomponente. Je kleiner die wattlose Komponente gehalten wird, um so kleiner wird der Strom und der Winkel der Phasenverschiebung, während der $\cos \varphi$ größer wird. Je größer aber der $\cos \varphi$ wird, um so geringer wird die Phasenverschiebung

Zweiphasenstrommaschinen.

Unter Mehrphasenströmen verstehen wir 2 oder 3 Wechselströme, welche, voneinander unabhängig, nacheinander in dem Anker einundderselben Maschine erzeugt werden. Der Verlauf einer jeden Phase ist genau so, wie wir es bei dem Einphasenstrom kennen gelernt haben.

Im Gegensatz zum Einphasenstrom sind die Mehrphasenströme zum Antrieb von Motoren geeignet.

Der Zweiphasenstrom setzt sich aus 2 Wechselströmen zusammen, welche um $^1/_4$ Periode gegeneinander verschoben sind. Der zweite Strom setzt nach dem ersten $1:4 \cdot 50 =$

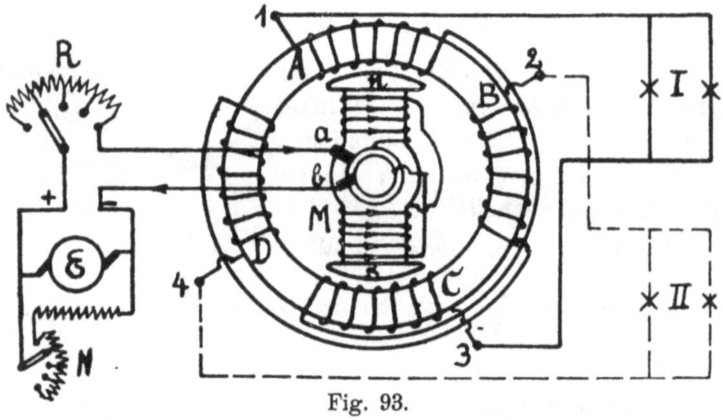

Fig. 93.

$^1/_{200}$ Sekunden ein. Die Frequenz muß bei beiden Strömen gleich sein. Diese Gleichheit wird dadurch erreicht, daß man die Ströme in einem Anker, mit genauer Einteilung der Wicklung in zwei gleiche Gruppen, erzeugt.

In Figur 93 ist die Erzeugung von Zweiphasenströmen dargestellt, und zwar in einer Innenpolmaschine mit Ringwicklung. Die Erregung des sich drehenden Magnetgestelles M erfolgt durch die in der Erregerdynamo E erzeugten Ströme. Die Erregerstromstärke wird durch den Nebenschlußregulator N und den Regulierwiderstand R verändert. Die Ringwicklung des feststehenden Ankers ist in 4 Teile geteilt, von denen je zwei hintereinander geschaltet sind und zwar stets zwei, welche gleichzeitig vor einem Nordpol und dem zugehörigen Südpol liegen. In der Figur sind dies die Spulen A, C, B und D. Die Spulen AC und BD sind voneinander vollkommen unabhängig In der Figur liegen die Spulen A und C gerade vor den Polen, werden somit am stärksten induziert. Sie geben den Höchstwert des Stromes in das Netz ab und speisen die Lampen, welche an die Klemmen 1 und 3 angeschlossen sind. Die Spulen B und D geben keinen Strom ab, die Lampen, welche an den Klemmen 2 und 4 liegen, können daher nicht leuchten.

Bewegt sich das Magnetfeld weiter, so nimmt der Strom in I ab, der in II zu, bis in II der Höchststrom erzielt ist,

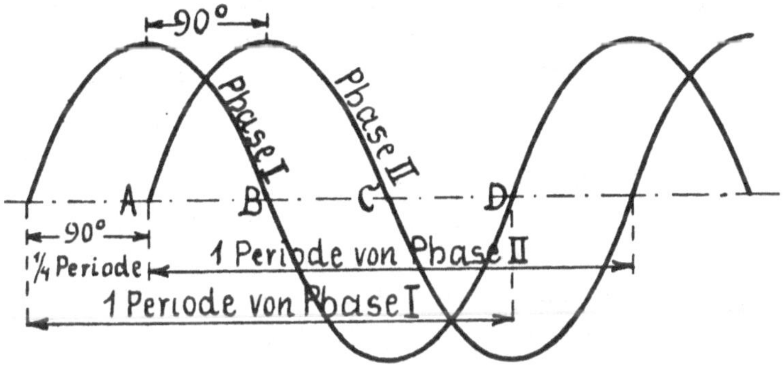

Fig. 94.

so daß die Lampen dann aufleuchten. Bei der weiteren Drehung kommen die Lampen in I zum Leuchten. Hierbei ist zu beachten, daß der Strom jetzt umgekehrt fließt. So wiederholt sich die Stromerzeugung, je nachdem die Spulen der Gruppe I oder II vor den Magneten liegen.

Figur 94 zeigt den Verlauf der beiden Stromkurven, welche eine Phasenverschiebung von 90° haben. Phase I hat ihren Höchstwert bei A, während gleichzeitig II durch Null geht. Bei B hat Phase II ihren Höchstwert, I geht durch Null usw.

Die Zweiphasenmaschinen werden gebaut

mit rotierendem Anker,

mit feststehendem Anker.

Maschinen mit rotierendem Anker. Ihr Aufbau entspricht dem der Gleichstrommaschinen, sie werden mit Ring- oder Trommelwicklung versehen. Der Umfang wird in 4, voneinander um 90° entfernte Teile geteilt (Fig. 95 und 96), die beiden Schleifringe, welche an zwei voneinander um 180° entfernte Wicklungen angeschlossen sind, gehören zu einer Phase. In Figur 95 sind die augenblicklich in der neutralen Zone liegenden Punkte a und b mit den Schleifringen 1 und 2 verbunden, welche zu den Lampen der Phase I führen. Die Lampen, welche an die Schleifringe c und d angeschlossen sind, brennen dann nicht.

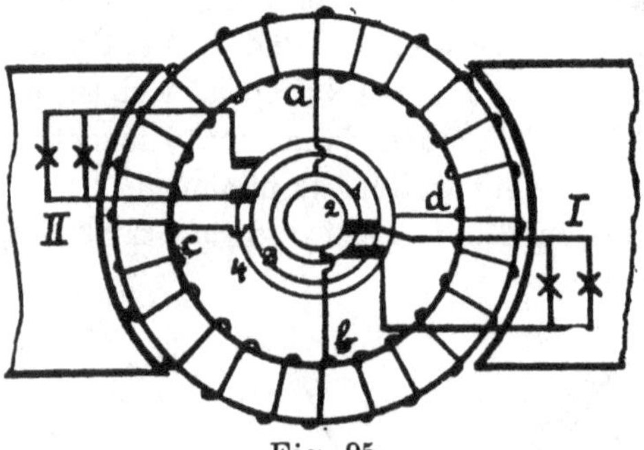

Fig 95.

Kommt der Anker in die in Figur 96 gezeichnete Stellung, so brennen die an Phase II angeschlossenen Lampen, die Lampen, welche an Phase I liegen, brennen jetzt nicht. Während der Zeit, in welcher der Anker sich aus der ersten in die zweite Stellung bewegt hat, ist in Phase I Strom und Spannung allmählich heruntergegangen, während Strom und Spannung in II allmählich zugenommen haben.

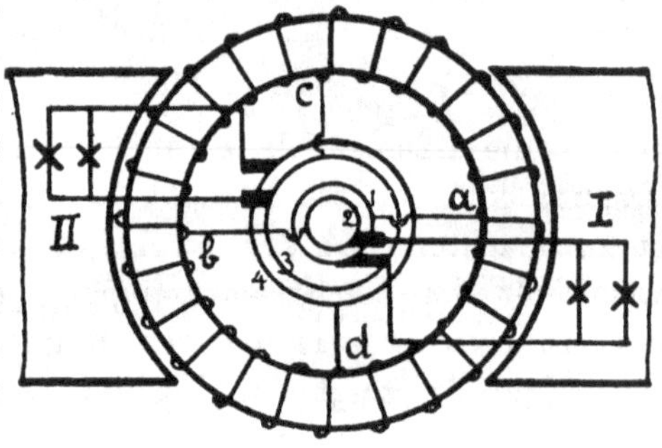

Fig. 96.

Um nun zu verhüten, daß die an die Phasen I und II angeschlossenen Lampen abwechselnd hell und dunkel werden, muß der Anker mit einer solchen Geschwindigkeit sich drehen, daß die einzelnen Stromstöße dem Auge nicht mehr wahrnehmbar werden. Es hat sich gezeigt, daß 100 Stromstöße in der Sekunde genügen, um ein ununterbrochenes Brennen zu erzielen. Aus diesem Grunde werden Wechselstromdynamos mit einer Frequenz von 50 betrieben.

Maschinen mit feststehendem Anker. In Figur 97 ist eine derartige Maschine mit Ringwicklung dargestellt. Die in der Praxis verwendeten Maschinen werden nicht mehr mit Ring-, sondern mit Trommelwicklung versehen. Es werden Innenpolmaschinen mit Trommelwicklung benutzt, wie sie Figur 97 zeigt. Wir sehen hier eine zwölfpolige Maschine, bei welcher die Wicklung in 48 Nuten untergebracht ist. Bei Stabwicklung sind 48 wirksame Drähte, bei Spulenwicklung 48 wirksame

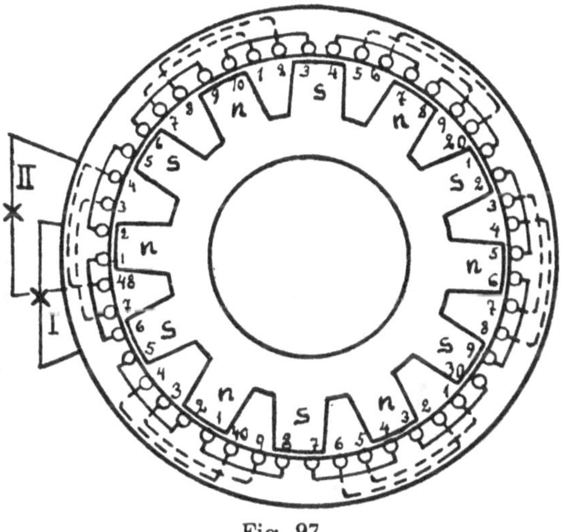

Fig. 97.

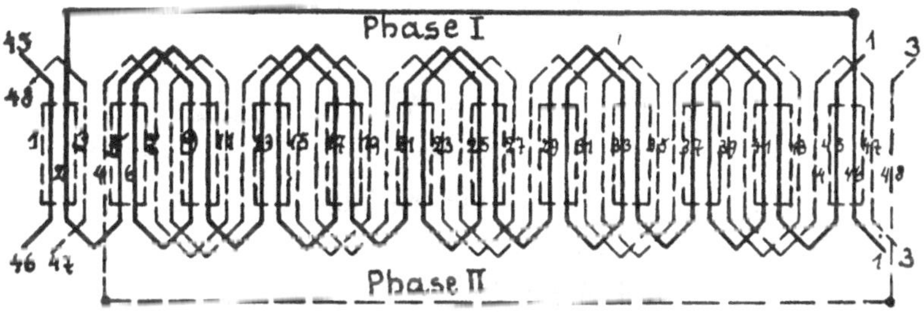

Fig. 98.

Spulenseiten vorhanden, von denen je eine Hälfte für eine Phase wirksam ist.

Eine derartige Wicklung nennt man Zweiphasen-Zweilochwicklung. Das Wicklungsschema ist in Figur 98 dargestellt, aus demselben sind die Verbindungen der einzelnen Drähte ersichtlich, nämlich für Phase I 2, 5, 9, 6, 10, 13, 17, 14, 18, 21, 25, 22, 26, 29, 33, 30, 34, 37, 41, 38, 42, 45, 1, 46, für Phase II 7, 11, 8, 12, 15, 19, 16, 20, 23, 27, 24, 28, 31, 35, 32, 36, 39, 43, 40, 44, 47, 3, 48, 4.

Die Polbreite ist gleich der Hälfte der Polteilung.

Zweiphasenmaschinen haben sich nicht eingeführt, es sind vielmehr in der Praxis Maschinen mit drei Phasen in Gebrauch.

Dreiphasenstrom (Drehstrom).

Dreiphasenströme sind drei einphasige Wechselströme, welche je um $^1/_3$ Periode oder 120° gegeneinander verschoben sind. Ihre Entstehung ist in Fig. 99 schematisch dargestellt.

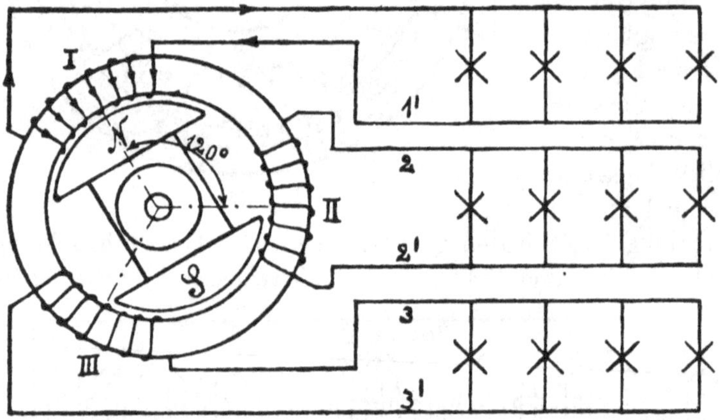

Fig. 99.

Ein Magnet NS dreht sich und berührt dabei drei Spulengruppen I, II und III, welche je um 120° voneinander entfernt sind. In der gezeichneten Stellung erfährt Spule I die größte EMK, so daß die Lampen der Phase I hell leuchten werden. Die Spulen II und III werden etwas vom Südpol beeinflußt, und zwar nimmt die EMK in II ab, die in III zu. Fig. 100 zeigt die drei Kurven des Drehstromes, wie sie den in Fig. 99 angenommenen Lagen entsprechen. I hat in A ihr Maximum, II ist im Abnehmen begriffen, III im Zunehmen.

Wenn die Kurven I und II sich schneiden, hat III ihr Maximum, ebenso hat Kurve I ihr Maximum, wenn sich II und III schneiden usw. Sobald II unter dem Maximum steht, brennen die Lampen der Phase II hell, steht III

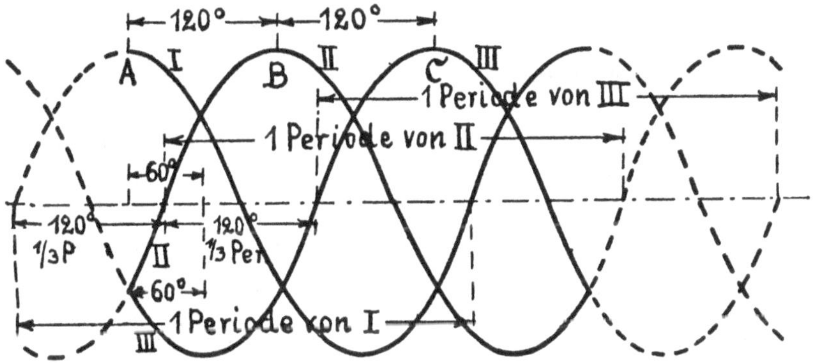

Fig. 100.

unter dem Einfluß des Magnetfeldes, so brennen die Lampen in Phase III.

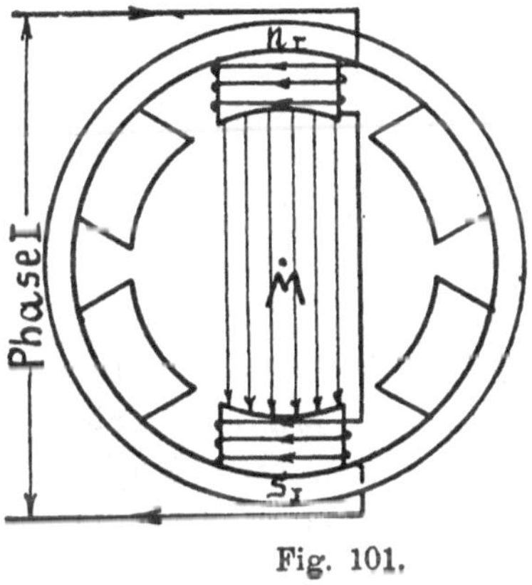

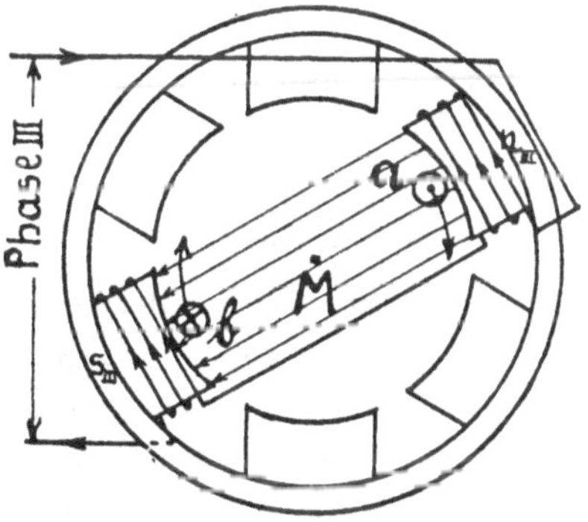

Fig. 101. Fig. 102.

Wenn man den dreiphasigen Strom um Magnetpole leitet (Fig. 101—106), welche für jede Phase um 120° gegeneinander verschoben sind, so entsteht ein Magnetfeld, welches sich um den Punkt M des Magnetgestelles dreht.

In Fig. 101 erzeugt Phase I das Magnetfeld n_I s_I

„ „ 102 „ „ III „ „ n_{III} s_{III} nach 60°

In Fig.	103	erzeugt Phase	II	das Magnetfeld	n_{II}	s_{II}	nach	120°
„ „	104	„ „	I	„ „	n_{I}	s_{I}	„	180°
„ „	105	„ „	III	„ „	n_{III}	s_{III}	„	240°
„ „	106	„ „	II	„ „	n_{II}	s_{II}	„	300°
„ „	101	„ „	I	„ „	n_{I}	s_{I}	„	360°

usw.

Der Dreiphasenstrom erzeugt, wie wir aus den vorstehenden Figuren ersehen, ein rotierendes Magnetfeld, welches wir Drehfeld nennen. Mit einer Periode erhalten wir ein Drehfeld, hat der Strom die Frequenz 1, so macht das Drehfeld in einer Sekunde eine Umdrehung, bei 50 Perioden macht das Drehfeld in einer Sekunde 50 Umdrehungen.

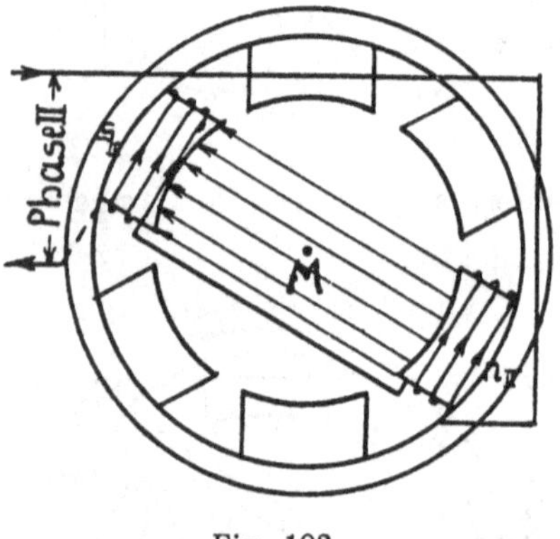

Fig. 103.

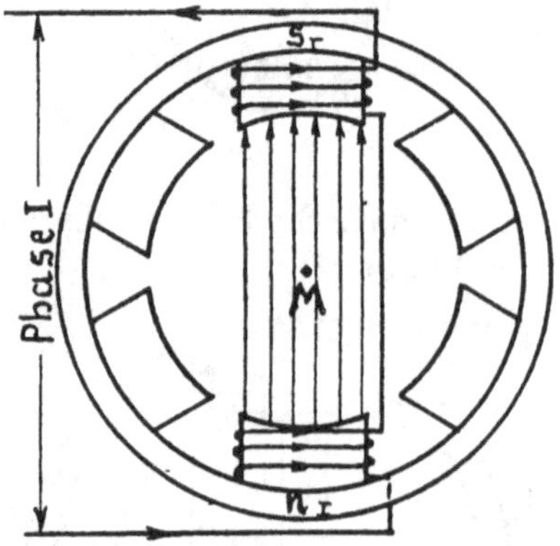

Fig. 104.

Wenn in dem Drehfelde Kupferdrähte (Fig. 102) vorhanden sind, werden diese von dem sich drehenden Felde geschnitten, wodurch in ihnen Kraftlinien erzeugt werden. Wie wir gesehen haben, bewegt sich jeder in einem Magnetfelde befindliche stromdurchflossene Leiter, folglich werden sich auch die Drähte a und b, sobald sie mit einer in M vorhandenen Achse verbunden sind, sich in Richtung der Pfeile drehen.

In der Fig. 99 sind für die Fortleitung des Drehstromes drei Leitungspaare nötig, für jede Phase eine Hin- und eine Rückleitung. Es müssen demnach sechs Leitungen verlegt werden. Da hierdurch, zumal bei den jetzigen Kupferpreisen, ganz gewaltige Kosten für die Leitungen aufzuwenden wären, muß eine Verkettung der Leitungen stattfinden, so daß die Stromverteilung nur auf drei Leitungen vorgenommen werden kann.

Diese Verkettung kann erfolgen durch

Dreieckschaltung (geschlossene Verkettung),

Sternschaltung (offene Verkettung).

D r e i e c k s c h a l t u n g. Bei der Dreieckschaltung wird (Fig. 107) das Ende der Wicklung I mit dem Anfang von II, das Ende von II mit dem Anfang von III und das Ende von III mit dem Anfang von I verbunden.

Die Verbindungspunkte A, B und C der drei Wicklungen (Fig. 107) werden an die Maschinenklemmen ange-

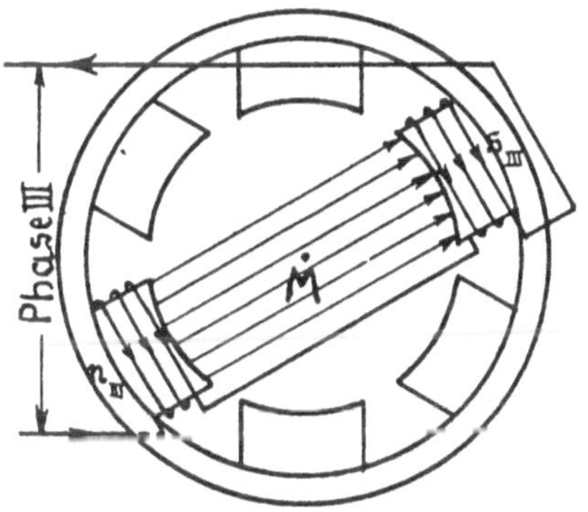

Fig. 105

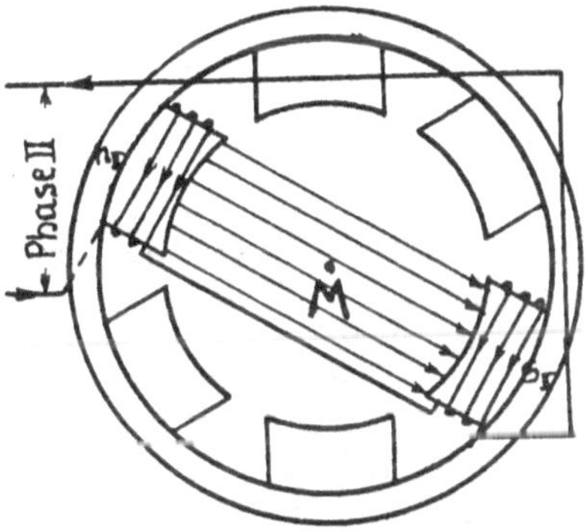

Fig. 106.

schlossen, von denen dann der Strom in die Leitungen 1, 2 und 3 fließt. Die EMK zwischen den Leitungen 1, 2 ist dann dieselbe wie zwischen A und C Die in der Leitung fließende Stromstärke J (Fig 108) ist aber größer als die in AC fließende Stromstärke i_1, da in 1 die sich in A vereinigenden Ströme auftreten. Bei A_1 teilt sich der Strom J auf die Phasen a und c, so daß diese Ströme wieder kleiner sind als der Strom J. Ebenso ist es in den beiden anderen Phasen. Schaltet man in eine Leitung ein Amperemeter ein, so ergibt die Messung, daß der Effektivwert der Stromstärke 1,73 mal so groß ist als die effektive Stromstärke i, welche in einer Phase fließt.

1,73 ist gleich $\sqrt{3}$, es ist demnach

$$J = 1{,}73\, i = \sqrt{3}\, i.$$

$$i = \frac{J}{1{,}73} = \frac{J}{\sqrt{3}}.$$

$$E = e.$$

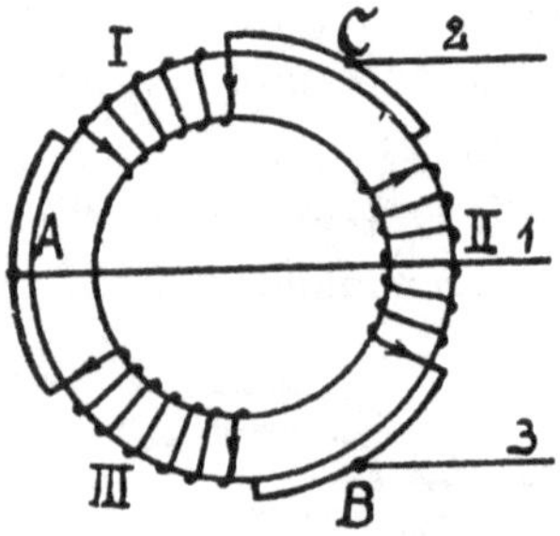

Fig. 107.

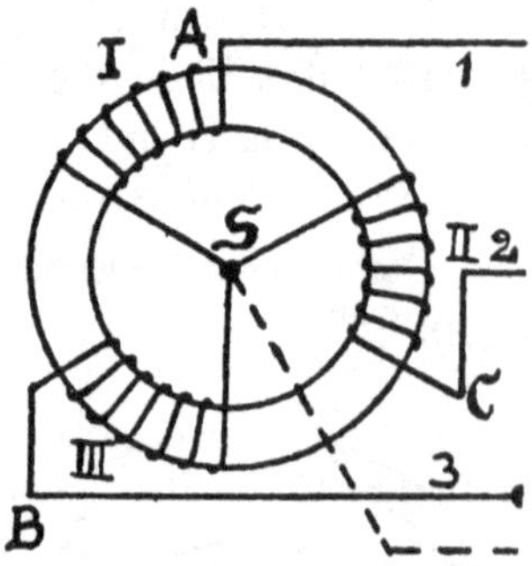

Fig. 109.

Sternschaltung. Bei der Sternschaltung (Fig. 109) werden die Anfänge der Wicklungen in einem Punkte, dem

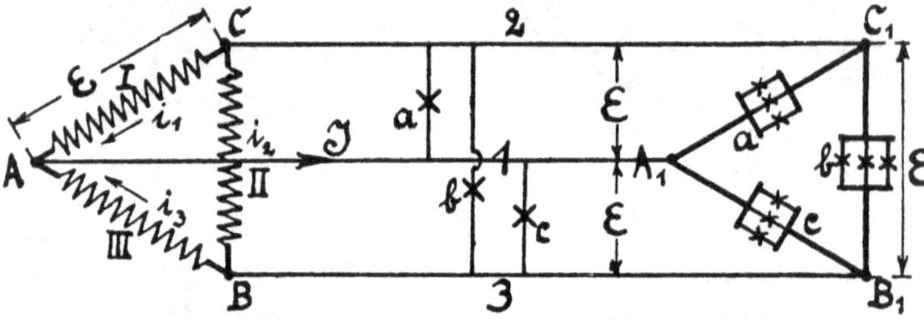

Fig. 108.

sogenannten Sternpunkte S verkettet, die Enden der Wicklungen dagegen werden an die Leitungen angeschlossen, welche in das Netz führen. Von dem Punkte S (Nullpunkt oder Sternpunkt) wird meist noch eine vierte Leitung herausgeführt, die Nulleitung, welche in der Figur punktiert gezeichnet ist.

Die Wicklungen mit ihren Verbindungen sind in Fig. 110 schematisch dargestellt. Wir haben die drei Phasenwicklungen AS, BS und CS, von S geht der Nulleiter ab. In der Phase AS haben wir die Spannung e_1, in CS die Spannung e_2, in BS die Spannung e_3. Zwischen zwei Leitungen ist jetzt die Spannung nicht gleich der Spannung einer Phase, sondern größer, da sie von zwei Spannungen abhängig ist, z. B. die Spannung zwischen 1 und 2 von den Phasenspannungen e_1 und e_2. Eine Messung ergibt, daß die Spannung zwischen den Leitungen 1 und 2 1,73 mal so groß ist als die Phasenspannung. Die Stromstärke J ist

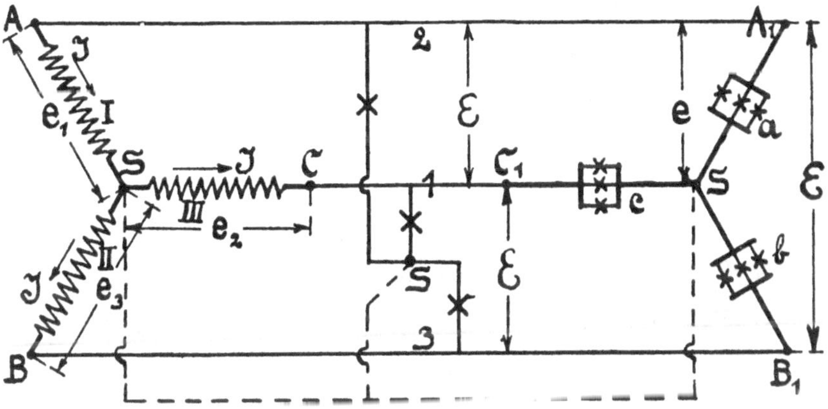

Fig 110.

dagegen bei Sternschaltung gleich der Stromstärke in einer Phase.

$$E = 1{,}73\, e = \sqrt{3}\, e.$$

$$e = \frac{E}{1{,}73} = \frac{E}{\sqrt{3}}.$$

$$J = i.$$

Wird die Spannung zwischen einem Außenleiter und dem Nulleiter gemessen, so erhalten wir die Phasenspannung. Man ist somit in der Lage, bei Drehstrom in Sternschaltung Verbrauchsapparate mit der Phasenspannung und mit der um 1,73 vergrößerten Phasenspannung anzuschließen.

Hiervon macht die Praxis weitesten Gebrauch, indem z. B. Motoren zwischen zwei Außenleiter an 380 Volt und Glühlampen an einen Außenleiter und den Nulleiter mit einer Spannung von 220 Volt angeschlossen werden.

In Drehstromanlagen können wir, wie wir gesehen haben, Verbrauchsapparate sowohl in Stern- als auch in Dreieckschaltung anschließen. Hierbei ist aber zu beachten, daß Apparate, welche in Sternschaltung angeschlossen sind, nicht ohne weiteres für Dreieckschaltung und umgekehrt benutzt werden können. Z. B. sei die Spannung zwischen den Außenleitern in Fig. 108 und Fig. 110 gleich 380 Volt, ein Apparat für 380 Volt wird bei Dreieckschaltung arbeiten und die volle Spannung erhalten. Wird er aber bei Sternschaltung zwischen einem Außenleiter und dem Nullpunkt angeschlossen, so erhält der Apparat nur eine Spannung von 220 Volt.

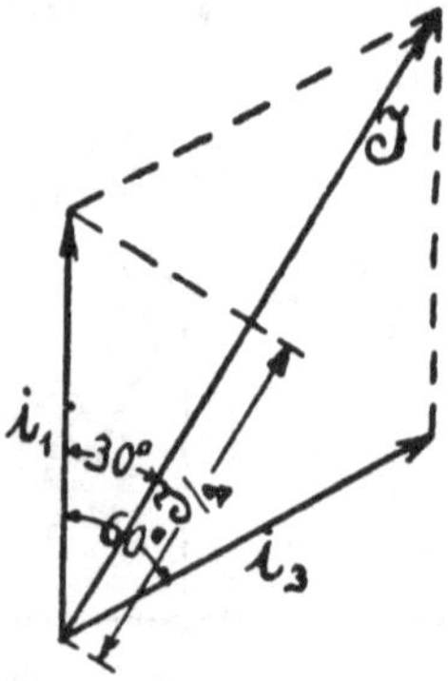

Fig. 111.

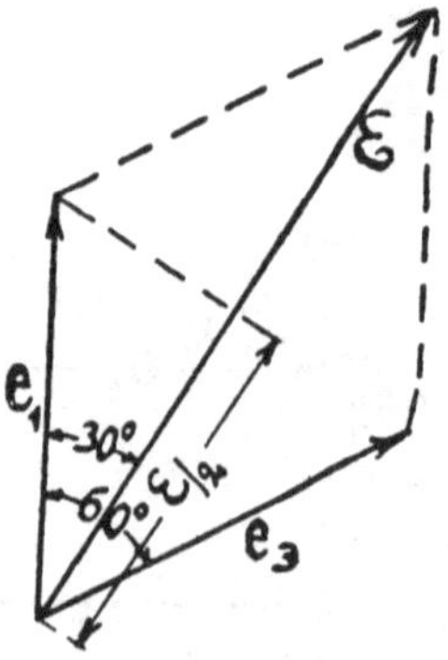

Fig. 112.

Schaltet man z. B. einen Motor, welcher in Dreieckschaltung für 380 Volt gewickelt ist, in Sternschaltung um, so erhalten wir anstatt der Spannung von 380 Volt nur eine Spannung von 220 Volt. Der Strom ist erheblich geringer als bei Dreieckschaltung. Hiervon wird bei der bekannten Stern-Dreieckschaltung bei Drehstromkurzschlußmotoren Gebrauch gemacht.

Die beiden Ströme, welche im ersten Drittel einer Periode von den Phasen I und III nach dem Punkte A (Fig. 108) fließen, sind, wie Figuren 99 und 100 ergeben, um 60^0 gegeneinander verschoben. Nach dem Parallelogramm der Kräfte kann man aus den beiden Teilströmen die Größe der resultierenden Kraft bestimmen, wie es Fig.

111 zeigt. Die beiden Komponenten, i_1 und i_3 bilden einen Winkel von 60°. Projiziert man i_1 auf J, so erhält man J/2.

Es ist nach Fig. 111

$$\cos 30^0 = \frac{J/2}{i_1},$$

$$J/2 = i_1 \cos 30^0 = i_1\, 0{,}866 = i_1 \cdot \frac{1{,}73}{2} = \frac{i_1}{2} \cdot \sqrt{3}$$

Hieraus ergibt sich $J = \sqrt{3} \cdot i_1 = 1{,}73 \cdot i_1$.

In gleicher Weise errechnet sich

$$J = \sqrt{3} \cdot i_2 = 1{,}73 \cdot i_2 \text{ und}$$

$$J = \sqrt{3} \cdot i_3 = 1{,}73 \cdot i_3.$$

Allgemein lautet die Formel für Drehstrom somit

$$J = \sqrt{3} \cdot i = 1{,}73 \cdot i_1$$

Für die EMK bestimmt sich der Wert nach Fig. 112, woraus in analoger Weise

$$E = \sqrt{3} \cdot e = 1{,}73 \cdot e \text{ berechnet wird.}$$

Drehstrom-Generatoren.

Die Drehstromgeneratoren werden als Innenpolmaschinen mit rotierendem Anker oder als Außenpolmaschinen mit feststehendem Anker hergestellt. Die Maschinen mit rotierendem Anker ähneln den Gleichstrommaschinen, es fehlt ihnen aber der Kollektor. Die Ankerwicklung ist eine Ring- oder meist Trommelwicklung.

In Fig. 113 ist eine Dreieckwicklung dargestellt, die Wicklung ist in sich geschlossen. Die Enden der Wicklungen p, q und r sind zu um 120° voneinander entfernten Schleifringen geführt, auf welchen drei Bürsten a, b und c liegen. Von diesen Schleifringen geht der Strom in das Netz hinein. An das Netz sind in der Figur drei Lampengruppen und ein Motor mit Dreieckschaltung angeschlossen.

In Fig. 114 ist eine Sternschaltung gezeichnet. Die Anfänge der Gruppen sind kurzgeschlossen. In der Figur ist dieser Kurzschluß durch eine punktierte Leitung dargestellt, die Enden führen zu Schleifringen, welche um 120° gegeneinander versetzt sind. Der Verbindungspunkt der Spulenanfänge liegt an der Bürste d, von welcher aus der Nulleiter in das Netz führt.

Die Verbrauchsapparate sind sämtlich in Sternschaltung angeschlossen.

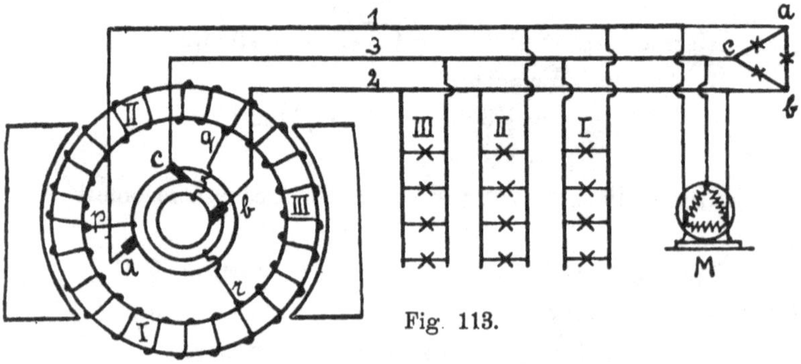

Fig. 113.

Die Maschinen mit feststehendem Anker führen die Ankerwicklung in Nuten, welche sich im innern Teil des Ankerringes befinden (Fig. 115). Sie werden in drei voneinander

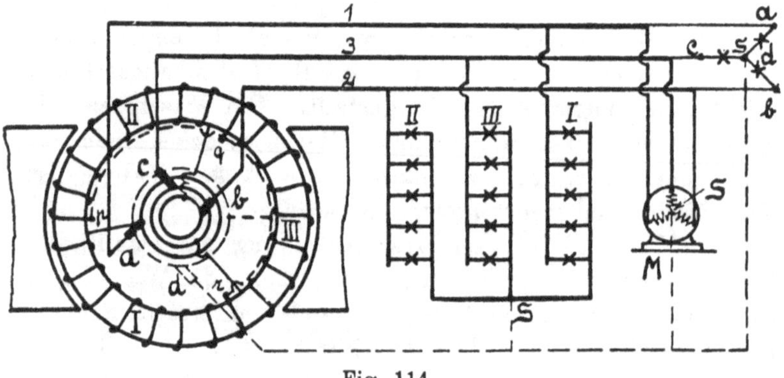

Fig. 114.

unabhängigen Gruppen angeordnet. Die drei Gruppen werden fortlaufend miteinander verbunden, so daß Ende von I mit Anfang II, Ende von II mit Anfang von III und Ende von III mit Anfang von I verbunden ist. Die drei Punkte, an welchen die Phasen sich treffen, werden unmittelbar an die drei Leitungen angeschlossen. Die Drähte einer Spulenseite werden für jede Phase in einem Loch angeordnet. Man nennt diese Wicklung daher Dreiphasen-Einlochwicklung. Jede Phase hat acht Spulenseiten, so daß, im ganzen $3 \cdot 8 = 24$ Nuten vorhanden sein müssen.

Es ist folgendermaßen gewickelt:

Leitung 1, Spule 7, 10, 13, 16, 19, 22, 1, 4, nach Leitung 3 und Spule 9, 12, 15, 18, 21, 24, 3, 6, nach Leitung 2 und Spule 5, 8, 11, 14, 17, 20, 23, 2 nach Leitung 1 und Spule 7.

Fig. 115.

Dieser Verlauf ist aus Fig. 116 ersichtlich, die 24 Nuten zerteilen den Umfang in 24 gleiche Teile, von denen, da acht Pole vorhanden sind, je drei Teile auf jeden Pol

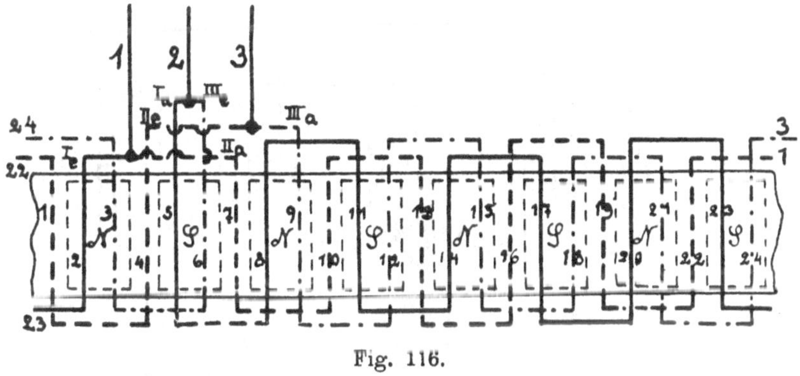

Fig. 116.

entfallen. Die Breite der Polschuhe wird meist so gewählt, daß je $^2/_3$ der Teile für jeden Pol bedeckt werden.

Bei Sternschaltung werden die drei Anfänge (Figuren 117 und 118), so geschaltet, daß sie durch eine Leitung kurzgeschlossen sind. Die Anfänge a, b und c sind durch einen Draht in der Fig. 117 kurzgeschlossen. Die Enden der Spulen führen zu den Klemmen 1, 2 und 3 und von dort in das Netz.

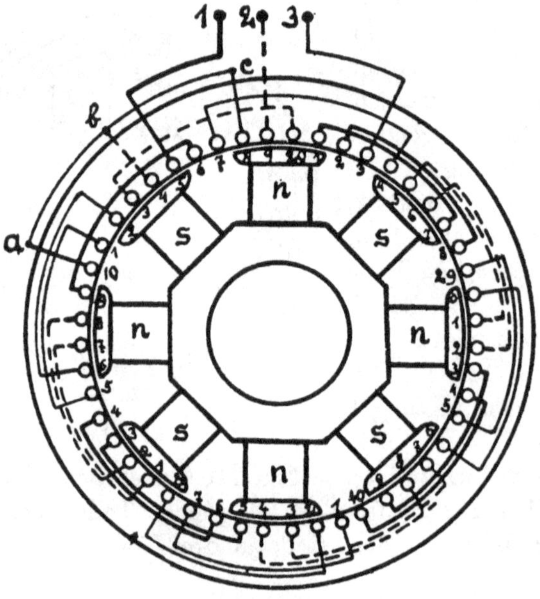

Fig. 117.

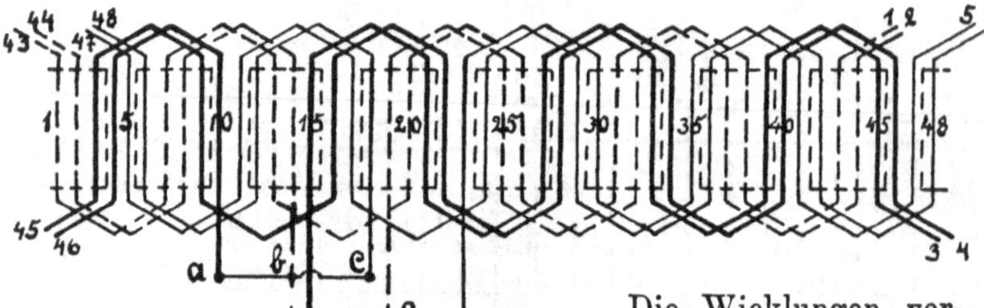

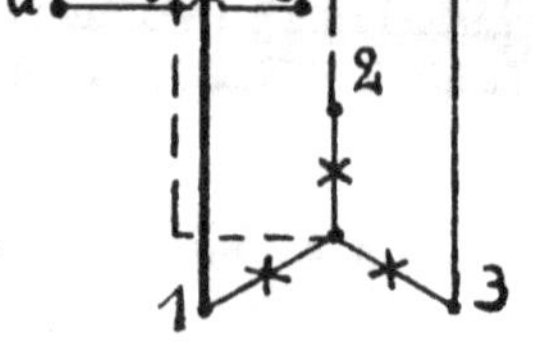

Fig. 118.

Die Wicklungen verlaufen folgendermaßen:

Phase I: Klemme 1 nach Spule 15, 21, 27, 33, 39, 45, 3, 9, 16, 22, 28, 34, 40, 46, 4, 10, nach a.

Phase II: Klemme 2 nach Spule 19, 25, 31, 37, 43, 1, 7, 13, 20, 26, 32, 38, 44, 2, 8, 14, nach b.

Phase III: Klemme 3 nach Spule 23, 29, 35, 41, 47, 5, 11, 17, 24, 30, 36, 42, 48, 6, 12, 18, nach c.

Wie wir aus dieser Aufstellung ersehen, liegen die Drähte jeder Phase in zwei Löchern (Nuten), weshalb diese Wicklung Dreiphasen-Zweiloch-Wicklung genannt wird. Ebenso gibt es Drei-, Vierloch usw. Wicklungen. Bei einer Maschine mit 8 Polen erhält jede Phase 2 • 8 = 16 Nuten,

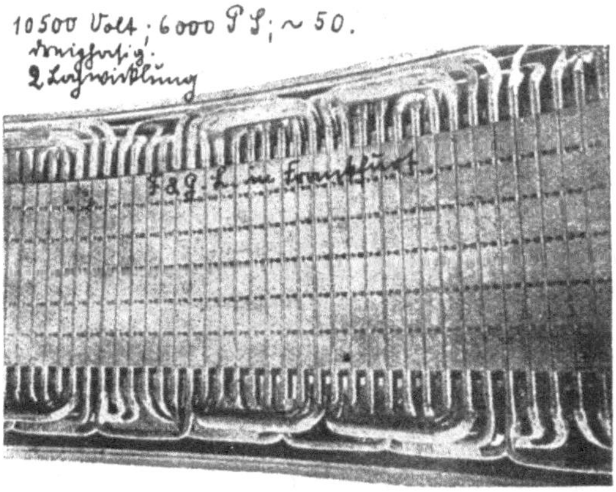

Fig. 119.

demnach für die drei Phasen 48 Nuten. Auf jeden Pol entfallen sechs Teile, von denen vier stets gleichzeitig von den Polschuhen bedeckt werden.

In Fig. 119 ist eine Zweiloch-Wicklung dargestellt. Die quer durch das Ankereisen verlaufenden Kühlschlitze sind in der Abbildung erkennbar.

Leistung des Drehstromes.

Unter der Voraussetzung, daß alle Phasen gleichmäßig belastet sind, ist die Leistung des Drehstromes gleich der dreifachen Leistung einer Phase, wenn die Phasen voneinander getrennt sind (Fig. 99).

Bei verkettetem Drehstrom ist die Leistung 1,73 mal so klein als bei unverkettetem Strom.

Bei induktionsfreier Belastung ist

$$L = \frac{3\,E \cdot J}{1{,}73} = \frac{1{,}73 \cdot 1{,}73 \cdot E \cdot J}{1{,}73} = 1{,}73\ EJ.$$

Bei induktiver Belastung ist

$$L = \frac{3\,EJ \cos\varphi}{1{,}73} = \frac{1{,}73 \cdot 1{,}73 \cdot EJ \cos\varphi}{1{,}73} = 1{,}73\ EJ \cos\varphi.$$

Bezeichnen wir mit e die Phasenspannung, mit i die Phasenstromstärke, mit E die Netzspannung bei verkettetem Drehstrom, mit J die Netzstromstärke bei verkettetem Drehstrom, so ist

$$L = 3\,ei.$$

Bei Dreieckschaltung ist $e = E$ und $i = \frac{J}{\sqrt{3}}$,

$$\text{folglich } L = 3\,E \frac{J}{\sqrt{3}} = \sqrt{3} \cdot E \cdot J = 1{,}73\ E \cdot J,$$

$$\text{bei Sternschaltung ist } e = \frac{E}{\sqrt{3}} \text{ und } i = J,$$

$$\text{folglich } L = 3 \frac{E}{\sqrt{3}} J = \sqrt{3} \cdot EJ = 1{,}73 \cdot E \cdot J.$$

Die Formel lautet daher

für induktionsfreie Belastung $L = 1{,}73 \cdot E \cdot J$,

für induktive Belastung $L = 1{,}73 \cdot E \cdot J \cos\varphi$.

Vorstehende Formeln sollen an einigen Beispielen durchgerechnet werden.

Ein Drehstromgenerator, welcher zwischen zwei Leitungen eine Spannung von 220 Volt hat, soll Glühlampen versorgen. Das Amperemeter zeigt einen Strom von 35 Amp. Es soll die Leistung berechnet werden.

$$L = 1{,}73\ E \cdot J = 1{,}73 \cdot 220 \cdot 35 = 13321 \text{ Watt} = 13{,}321 \text{ kW}.$$

Die Leistung ist demnach 13,321 kW.

Ein Drehstrommotor von 380 Volt Linienspannung führt in jeder Leitung 45 Amp., sein Wirkungsgrad η sei gleich 0,85, sein Leistungsfaktor gleich 0,9. Es soll die abgegebene Leistung in PS berechnet werden.

$$L_{PS} = \frac{1{,}73 \cdot E \cdot J \cos\varphi \cdot \eta}{736} = \frac{1{,}73 \cdot 380 \cdot 45 \cdot 0{,}9 \cdot 85}{736} = 30{,}75 \text{ PS},$$

Die abgegebene Leistung ist 30,75 PS.

Ein Drehstrommotor von 100 PS sei für 380 Volt gebaut, sein Wirkungsgrad sei 0,9, sein Leistungsfaktor 0,85. Es soll die in jeder Phase fließende Stromstärke berechnet werden.

$$L_W = L_{PS} \cdot 736 = 73600 = 73{,}6 \text{ kW}.$$

Die aufgenommene Leistung ist demnach

$$L_W = \frac{73{,}6 \text{ kW}}{0{,}9} = 81{,}78 \text{ kW}.$$

$$L_W = VA \cdot \cos\varphi, = EJ \cdot \cos\varphi,$$

$$EJ = \frac{81{,}78 \text{ kW}}{\cos\varphi} = \frac{81{,}78 \text{ kW}}{0{,}85} = 96023 \text{ VA} = 96{,}023 \text{ kVA}.$$

$$J = 96023 : 380 = 252{,}8 \text{ Amp}.$$

Da $J = 1{,}73\ i$ ist, so ist

$$i = \frac{J}{1{,}73} = 252{,}8 : 1{,}73 = 146 \text{ Amp}.$$

Die Stromstärke in jeder Phase ist demnach 146 Amp.

Ein Drehstrommotor von 2000 kW hat eine Spannung von 1000 Volt, einen Wirkungsgrad von 0,9 und einen Leistungsfaktor von 0,85. Es soll die Stromstärke und die Leistung in PS berechnet werden.

$$L = 1{,}73\ E \cdot J \cos\varphi = EJ = \frac{L \cdot}{1{,}73 \cos\varphi},$$

$$EJ = \frac{2000000}{1{,}73 \cdot 0{,}85} = 2000000 : 1{,}47 = \text{rd. } 1360500$$

$$J = 1360500 : 1000 = 1360{,}5 \text{ Amp}.$$

$$L_{PS} \cdot 736 \cdot \eta = 1{,}73 \cdot EJ \cos\varphi$$

$$L_{PS} = \frac{1{,}73 \cdot EJ \cdot \cos\varphi}{736\ \eta} = \frac{1{,}73 \cdot 1360500 \cdot 0{,}85}{736 \cdot 09} = \text{rd. } 2977 \text{ PS}.$$

Parallelschaltung von Drehstromgeneratoren.

In Zentralen werden meist mehrere Generatoren aufgestellt, da einmal der Betrieb mit einer Maschine bei geringer Belastung zu unrentabel ist, und dann auch bei auftretenden Schäden keine Reserven zur Verfügung stehen.

Es werden daher mehrere Maschinen aufgestellt, von denen je nach Bedarf eine oder mehrere in Betrieb genommen werden. Diese Maschinen müssen auf ein Sammelschienensystem parallel arbeiten Bei Gleichstrommaschinen haben wir gesehen, daß das Parallelschalten sehr einfach ist. Bei Drehstromgeneratoren muß nicht nur die Spannung von parallel arbeitenden Maschinen, wie bei Gleichstromgeneratoren, gleich sein, es muß weiter im Augenblick des Zusammenschaltens auch die Frequenz und die Phase übereinstimmen.

Genügt die zuzuschaltende Maschine einer dieser drei Bedingungen nicht, so ist ein Parallelschalten unmöglich.

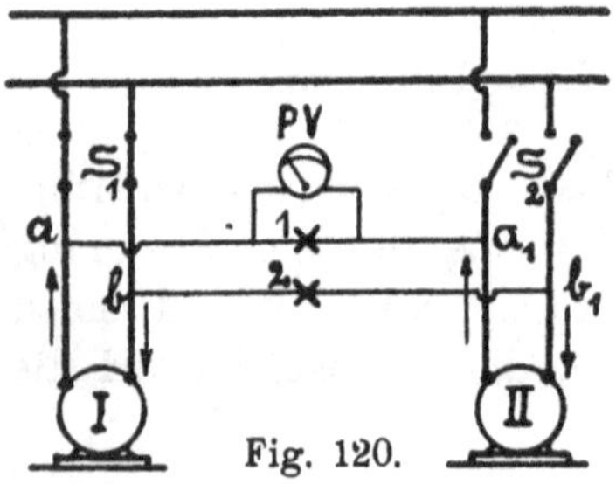

Fig. 120.

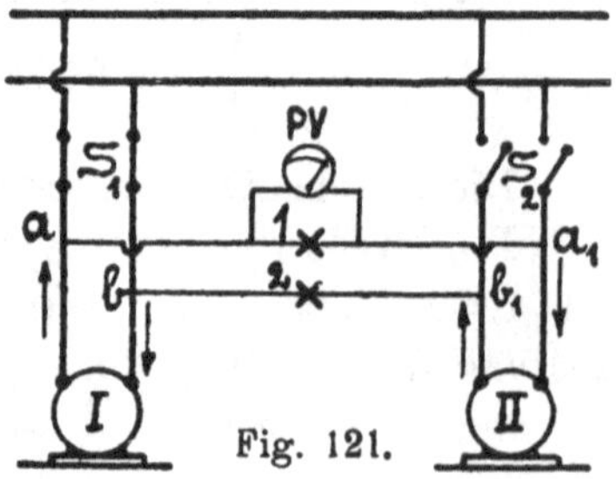

Fig. 121.

Die Regulierung der Spannung kann durch Veränderung der Umdrehungszahl der Antriebsmaschine und durch Regulierung der Erregerspannung erfolgen. Die Spannungsgleichheit kann durch zwei Voltmeter festgestellt werden. von denen das eine V_1 (Fig. 124) an die Sammelschienen, das andere V mittels eines Umschalters U an die einzelnen Maschinen gelegt werden kann. Die Frequenz ist, wie wir gesehen haben, von der Umdrehungszahl abhängig. Wir haben gefunden, daß z. B. eine zweipolige Maschine 3000, eine vierpolige 1500, eine sechspolige 1000 Umdrehungen machen muß.

Um die Umdrehungszahl schnell und in nicht zu großen Abständen verstellen zu können, müssen die Antriebsmaschinen Regulatoren haben, mit welchen die Regulierung schnell erfolgen kann. Die Maschinen müssen auf Synchronismus gebracht werden.

Das 3. Erfordernis für das Parallelschalten ist Phasengleichheit, d. i. die Maschinen müssen auf die Sammelmaschinen so arbeiten, daß stets zu gleicher Zeit die gleichen Stromstöße auf die Schienen treffen, Maxima und Minima müssen stets gleichzeitig auftreten.

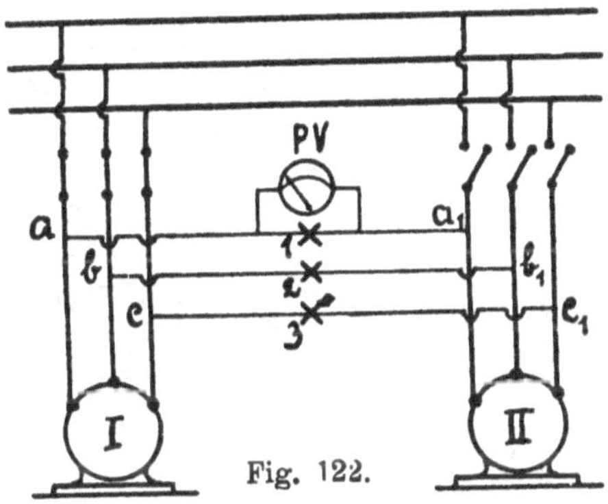

Fig. 122.

Phasengleichheit tritt nur bei Frequenzgleichheit auf. Die Phasengleichheit wird durch Phasenglühlampen oder Phasenvoltmeter festgestellt, oder auch durch beide Arten. Haben mehrere Maschinen gleiche Frequenz und gleiche Phase, so laufen sie synchron, sie haben Synchronismus. In den Figuren 120—123 sind verschiedene Schaltungen abgegeben, welche die Messung des Synchronismus gestatten.

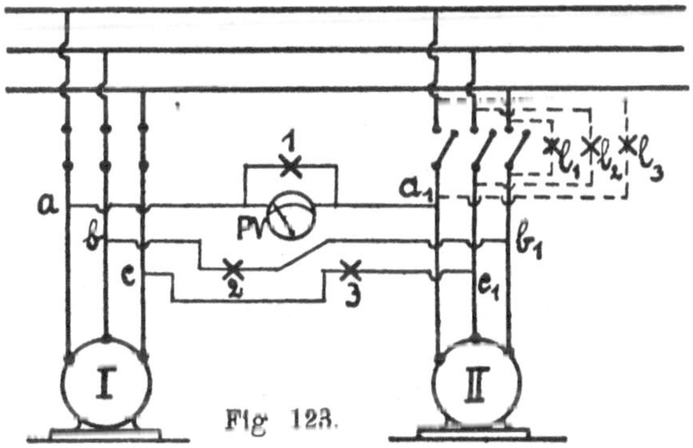

Fig. 123.

In Fig. 120 sind zwei Lampen so geschaltet, daß jede Lampe auf derselben Phase liegt, z. B. Lampe 1 liegt an den Phasen a und a₁, welche gleich sind. Durch die Verbindungsleitung zur Lampe 1 fließt somit kein Strom, wenn Phasengleichheit besteht, ebenso ist dies für die Lampe 2 der Fall, wenn sie an den Leitungen b und b_1 liegt. Das Phasenvoltmeter PV gibt bei Phasengleichheit keinen Ausschlag, während es bei ungleicher Phase ausschlägt. Die Zuschaltung muß erfolgen, wenn das Voltmeter auf Null stehen bleibt, oder wenn die Lampen nicht aufleuchten.

In Figur 121 ist die Schaltung derart ausgeführt, daß die Lampen bei Phasengleichheit aufleuchten, während sie bei ungleicher Phase aufleuchten und wieder dunkel werden. Das Phasenvoltmeter muß bei Phasengleichheit seinen

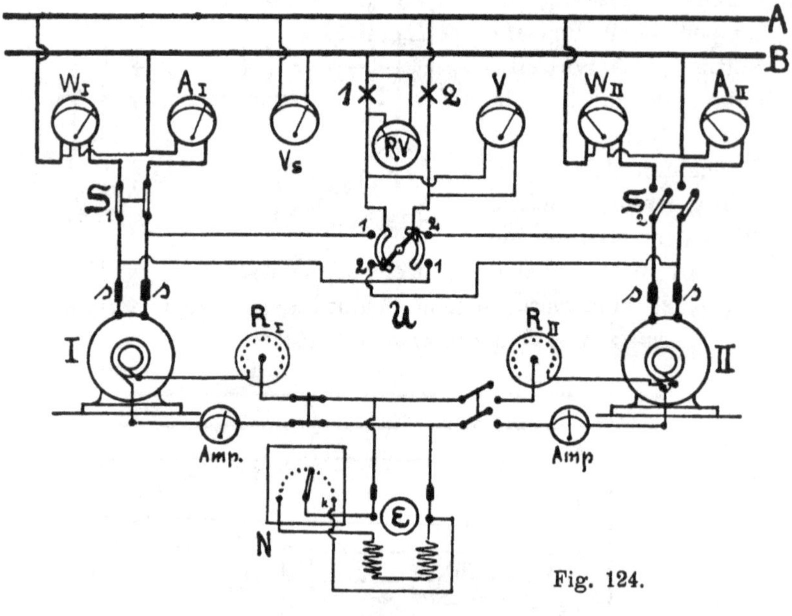

Fig. 124.

höchsten Wert anzeigen, bei Ungleichheit dagegen hin und her pendeln.

Man nennt die Schaltung nach Fig. 120 Dunkelschaltung, nach Fig. 121 Hellschaltung.

Die Dunkelschaltung für eine Drehstromanlage zeigt Fig. 122. Die Schaltung nach Dr. Michalke ist in Fig. 123 dargestellt. Bei ungleicher Phase leuchten die Lampen nacheinander auf, der Schein rotiert im Sinne des Uhrzeigers oder entgegengesetzt. Rotiert er im Sinne des Uhrzeigers, so läuft die Maschine zu schnell, läuft die Maschine zu langsam, so dreht sich der Schein im entgegengesetzten Sinne des Uhrzeigers. Sobald Phasengleichheit eintritt, ist die Spannung zwischen a und a_1 gleich Null, die Lampe 1 bleibt dunkel, der Ausschlag am Voltmeter ist gleich Null. Die Lampen zwischen b und b_1 und c und c_1 haben jetzt volle Spannung und brennen hell.

Nach der Montage eines derartigen Apparates muß festgestellt werden, ob die Schaltung richtig ist. Hierzu werden drei Lampen l_1, l_2 und l_3 in der in Figur 123 punktiert dargestellten Weise angeschlossen. Sobald jetzt die

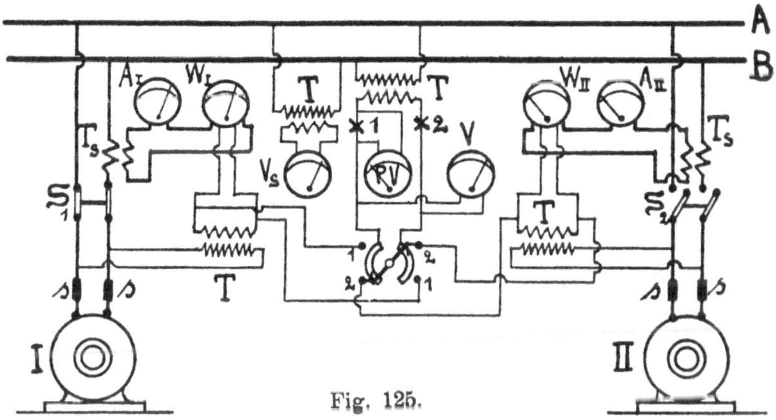

Fig. 125.

Maschinen auf Synchronismus gebracht werden, müssen die drei Lampen gleichzeitig aufleuchten. Werden die Lampen nacheinander abwechselnd hell und dunkel, so muß an zwei Leitungen eine Umwechselung vorgenommen werden.

Figur 124 zeigt die gesamte Schaltung für Parallelbetrieb für zwei Wechselstromgeneratoren. Die beiden Generatoren I und II arbeiten auf die Sammelschienen A und B, vorhanden sind 2 Wattmeter W_I und W_{II}, 2 Amperemeter A_I und A_{II}, ferner 2 Hauptschalter S_1 und S_2, die Phasenlampen 1 und 2, ein Phasenvoltmeter PV, ein Voltmeter V_s für die Sammelschienen, ein Voltmeter V und ein Umschalter U, durch welchen die beiden Maschinen parallel geschaltet, ferner 2 Sicherungssätze s, s. Die Erregerdynamo E liefert den Strom für beide Generatoren. N ist der Nebenschlußregulator für E, R_1 und R_2 sind die Regulierwiderstände für die Erregerströme von I und II.

In Figur 125 ist dieselbe Schaltung dargestellt, aber für Hochspannungsmaschinen. Sie unterscheidet sich von der soeben besprochenen für Niederspannung nur durch die dazwischen geschalteten Transformatoren T_s, durch welche die Spannung für die Meßinstrumente herabtransformiert wird.

Die Schaltung für eine Drehstromanlage ist in Figur 126 gegeben. Es sind I und II die beiden Generatoren, A, B und C die Sammelschienen, die 3 V_s die 3 Voltmeter, von denen in jeder Phase eins liegt, A_I und A_{II} die Amperemeter, W_I und W_{II} die Wattmeter, S_1 und S_2 die Hauptschalter. PV das Phasenvoltmeter mit den 3 Phasenlampen 1, 2 und 3, t_1 und t_2 die für die Parallelschaltung nötigen Umschalter, s, s, s die Sicherungen für die Generatoren. Der Erregerstrom für das Magnetfeld der Generatoren kommt aus einer Gleichstromquelle, deren Spannung durch Regulierwiderstände R_I und R_2 reguliert wird

Sobald alle drei Bedingungen, gleiche Spannung, Frequenz und Phasen vorhanden sind, wird der Hauptschalter der zuzuschaltenden Maschine eingelegt, die Maschine ist jetzt auf das Netz geschaltet, ohne jedoch vorläufig an der Stromlieferung teilzunehmen, da ihre EMK gerade so groß ist, um zu verhindern, daß von den Sammelschienen Strom in sie eintritt. Um die Maschine zur Stromlieferung bereit zu machen, muß die Kraftzufuhr der bereits im Betrieb befindlichen Maschine gedrosselt, die der zugeschalteten Maschine erhöht werden Zu gleicher Zeit erfolgt eine Regelung der Erregung. Würde nur die Erregung verändert, so erhielten wir eine Zunahme der Phasenverschiebung und Abnahme des Leistungsfaktors, wodurch die wirkliche Leistung keine Veränderung erfährt.

Dampfturbinen, Wasserturbinen, Dampfmaschinen, Gasmotoren usw. müssen daher mit äußerst empfindlichen, sich leicht einstellenden Regulatoren versehen sein, wenn sie in

Drehstromzentralen benutzt werden sollen In großen Zentralen werden oft Fernsteuerungen für die Regulatoren benutzt, welche von der Schalttafel betätigt werden. Der Ungleichförmigkeitsgrad muß bei einzylindrigen Dampfmaschinen und zweizylindrigen Viertaktmotoren mit höherer Umdrehungszahl etwa 1 : 150, bei Verbunddampfmaschinen

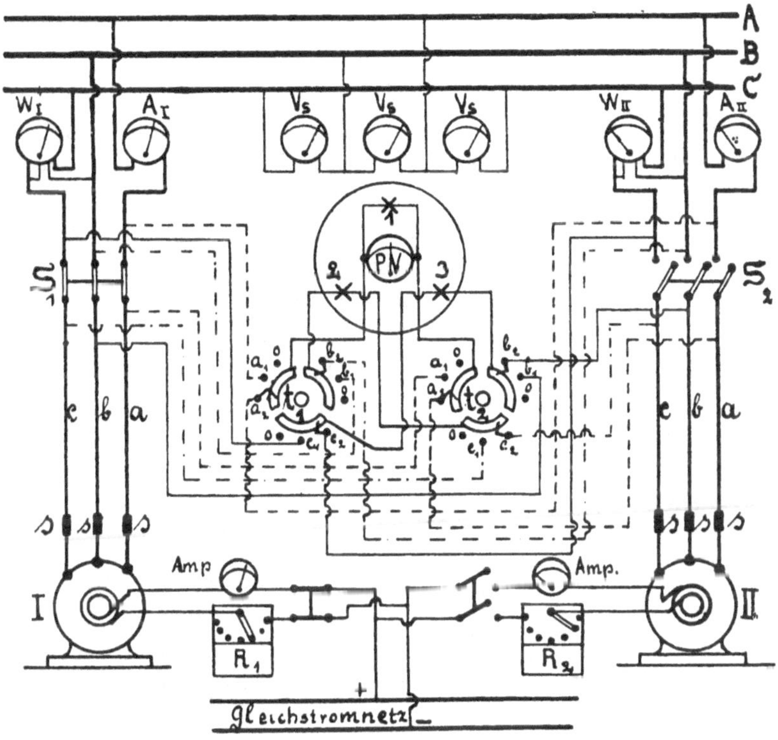

Fig. 126.

und mehrzylindrigen Gasmotoren mit niedrigerer Umdrehungszahl etwa 1 : 300 bis 1 : 500 betragen.

Sobald die Drehgeschwindigkeit nicht eine gleichbleibende ist, sind die Maschinen nicht gut geeignet. Bei Maschinen mit Schwungrädern werden zur Erzielung eines möglichst gleichmäßigen Ganges die Schwungräder stets sehr schwer gemacht.

Bei Parallelbetrieb können hohe Ausgleichsströme auftreten, welche ein Pendeln der rotierenden Teile der Generatoren bewirken. Werden diese sehr hoch, so verlieren die Maschinen ihren Synchronismus, sie fallen aus dem Tritt. Man kann diesem Pendeln durch Dämpfung vorbeugen, indem in die Polschuhe kupferne Gitter eingelegt werden.

Transformatoren.

Das Wesen der Transformatoren ist früher bereits besprochen worden. Sie sollen dazu dienen, Drehstrom von einer bestimmten Spannung in eine andere umzuwandeln. Hauptsächlich in Überlandzentralen, von denen auf weite Entfernungen Drehstrom versandt werden muß, ist der Transformator ein unentbehrlicher Apparat geworden. Der niedrig gespannte Strom wird von der Zentrale aus nach Herauftransformieren auf fast beliebig hohe Spannung aut dünnen Drähten auf weite Entfernungen gesandt, am Verwendungsort wird der Strom wieder auf Niederspannung für den Gebrauch herabtransformiert, so daß er nicht mehr lebensgefährlich ist.

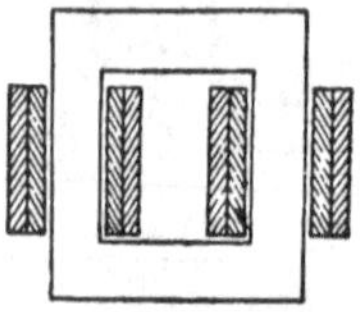

Fig. 127.

Fig. 128.

Die Transformatoren werden als Kern- (Fig. 127) und Manteltransformatoren (Fig. 128) hergestellt, wobei die Hoch- und Niederspannungsspulen übereinander geschoben werden. Zur Vermeidung von Wirbelströmen wird der Eisenkörper aus mit Papierisolation versehenen dünnen Blechen von 0,3 – 0,5 mm Stärke hergestellt. Bei hohen Spannungen wird der Körper in ein mit Öl gefülltes Gefäß gesetzt, dieses Gefäß ist mit vielen Rippen versehen, um die Wärme gut ableiten zu können.

Im Transformator treten folgende Verluste auf:

Verluste in Eisen durch Hysteresis und Wirbelströme.

Verluste in den Kupferwicklungen durch Stromwärme.

Nennt man die Verluste im Eisen V_{Fe}, die im Kupfer V_{Cu}, so erhalten wir den Wirkungsgrad η eines Transformators $= \frac{\text{Leistung}}{\text{Leistung} + V_{Cu} + V_{Fe}}$.

Da die Verluste bei guten Transformatoren gering sind, so haben wir mit einem ungefähren Wirkungsgrad von 93—98 % zu rechnen. Die Eisenverluste sind bei Transformatoren annähernd dieselben, ob der Transformator belastet oder leer arbeitet, sie sind von der Sättigung des Eisens abhängig. Die Kupferverluste dagegen hängen von der Belastung ab, sie steigen mit wachsender Belastung.

Werden Transformatoren gebraucht in Anlagen, welche meist mit voller Belastung arbeiten, so werden die Eisen- und Kupferverluste annähernd gleich gemacht, während man bei Transformatoren, welche in Elektrizitätswerken arbeiten, mithin meist schlecht belastet sind, den Eisenverlust gering und den Kupferverlust höher wählt.

Bei Transformatoren kommt der Jahreswirkungsgrad oft in Frage. Läuft z. B. ein Transformator jährlich n Stunden voll belastet, während der übrigen Zeit aber leer, so erhalten wir, wenn wir mit η_J den Jahreswirkungsgrad bezeichnen,

$$\eta_J = \frac{\text{Leistung}}{\text{Leistung} + V_{Cu} + V_{Fe} \cdot \frac{8760}{n}}.$$

Es sei der Kupferverlust gleich dem Eisenverlust gleich je 2 %, so ist bei n = 800 Stunden,

$$\eta_J = \frac{L}{L + L \cdot 0{,}02 + L \cdot 0{,}02 \cdot \frac{8760}{800}}$$

$$= \frac{100}{100 + 2 + 2 \cdot \frac{8760}{800}} = \frac{100}{123{,}90} = 80{,}63\,\%$$

Der Jahreswirkungsgrad ist somit 80,63 %, der Wirkungsgrad des Transformators beträgt 96 %. Wählt man den Eisenverlust mit 1 %. den Kupferverlust mit 2 %, so erhält man einen Jahreswirkungsgrad von 87,7 %.

Je geringer man also den Eisenverlust wählt, um so größer wird der Jahreswirkungsgrad.

Wenn Transformatoren in einem Netz parallel arbeiten sollen, so müssen sie gleiches Übersetzungsverhältnis der Windungen und gleiche Kurzschlußspannung besitzen.

Transformatoren werden normal für Oberspannungen von 6600, 11000, 16500 und 22000 Volt und für Leistungen von 5, 10, 20, 30, 50, 75, 100, 150, 200, 250, 300, 400, 500, 600 kVA gebaut. Ferner werden überlastbare Transformatoren hergestellt, welche einige Wochen im Jahre um 100 % überlastet werden können, sie werden für Leistungen von 5/10, 10/20, 15/30, 25/50, 37,5/75 und 50/100 gebaut. Ferner haben wir Einheitstransformatoren nach folgender Tabelle, und zwar

Hauptreihe			
Leistung in kVA	Ober- Spannung	Unter- Spannung	
	±4 %	Stern / Stern	Stern / Sternzickzack
5, 10, 20, 30,	5000		
50, 75, 100	6000	231	400
	10000		
	15000		
	20000		

Sonderreihe			
Leistung in kVA	Ober- Spannung	Unter- Spannung	
	±4 %	Stern / Stern	Stern / Sternzickzack
5/10, 10/20,	5000		
15/30, 25/50,	6000	231	400
37,5/75, 50/100	10000		
	15000		
	20000		

Um Ungleichheiten in der Belastung bei Transformatoren zu vermeiden, werden die Transformatoren auf der Niederspannungsseite mit Sternzickzackschaltung gewickelt, wie es Fig. 129 zeigt.

Fig. 129.

Wird Öl zur Kühlung der Spulen verwendet, so muß dieses ein gutes Mineral- oder Harzöl sein, bei 15° C muß das spezifische Gewicht für Mineralöl 0,88—0,91, für Harzöl 0,98—0,985 betragen. Der Flammpunkt im offenen Tiegel muß für Mineralöl über 160, für Harzöl über 155° C liegen. Bei —20° C müssen beide Ölsorten noch flüssig sein, ferner müssen sie säurefrei sein und eine Isolierfähigkeit von von 35000 V für Mineralöl und 40000 V für Harzöl besitzen.

In der folgenden Tabelle sind für eine Reihe von Einheitstransformatoren Angaben über Kurzschlußspannung, Wirkungsgrad bei Vollast und $\cos\varphi = 1$ sowie über die Leerlaufsenergie gemacht, die Unterspannung ist für sämtliche Typen 231 Volt bei Stern-Sternschaltung und 400 bei Stern-Sternzickzackschaltung.

Leistung in kVA	Oberspannung	Kurzschlußspannung Stern / Stern in %	Kurzschlußspannung Stern / Sternzickzack in %	Wirkungsgrad bei Vollast und $\cos\varphi = 1$ Stern / Stern in %	Wirkungsgrad bei Vollast und $\cos\varphi = 1$ Stern / Sternzickzack in %	Leerlaufenergie in Watt
	5000	4,2	4,5	95,78	95,50	60
	6000	4,2	4,5	95,78	95,50	60
5	10000	4,2	4,5	95,60	95,32	70
	15000	4,6	4,9	95,33	95,05	85
	20000	4,6	4,9	95,05	94,78	100
	5000	4,0	4,3	96,24	95,97	100
	6000	4,0	4,3	96,24	95,97	100
10	10000	4,0	4,3	96,11	95,83	115
	15000	4,5	4,7	95,97	95,69	130
	20000	4,5	4,7	95,78	95,52	150
	5000	3,8	4,0	96,80	96,52	240
	6000	3,8	4,0	96,80	96,52	240
30	10000	3,8	4,0	96,74	96,46	260
	15000	4,3	4,5	96,68	96,40	280
	20000	4,3	4,5	96,61	96,33	300
	5000	3,6	3,8	96,99	96,80	350
	6000	3,6	3,8	96,99	96,80	350
50	10000	3,6	3,8	96,94	96,76	375
	15000	4,1	4,3	96,89	96,71	400
	20000	4,1	4,3	96,85	96,66	425
	5000	3,5	3,7	97,46	97,27	600
	6000	3,5	3,7	97,46	97,27	600
100	10000	3,5	3,7	97,44	97,24	630
	15000	3,8	4,0	97,41	97,22	660
	20000	3,8	4,0	97,37	97,18	700

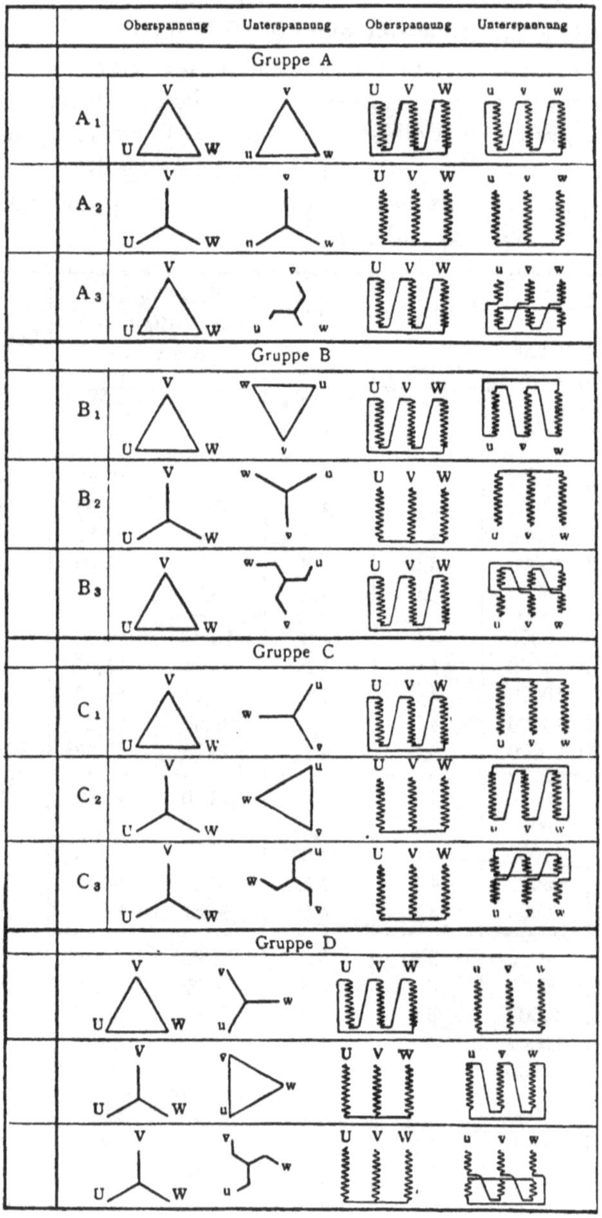
Oberspannung
Unterspannung
Oberspannung
Unterspannung
Gruppe A
A1
A2
A3
Gruppe B
B1
B2
B3
Gruppe C
C1
C2
C3
Gruppe D

Vorstehend sind die verschiedenen Schaltgruppen A, B und C von Drehstromtransformatoren gegeben. Die Transformatoren der gleichen Schaltgruppe können parallel arbeiten.

Gleichrichter.

Die Quecksilberdampf-Gleichrichter beruhen auf einer Ventilwirkung des Lichtbogens, d. i. der Lichtbogen läßt einen Strom nur nach einer Richtung hin durch, und zwar von der Anode zur Kathode. In der entgegengesetzten Richtung wirkt dem Stromdurchgang ein sehr hoher Widerstand entgegen. Schließt man einen Gleichrichter an ein Wechselstromnetz an, so kann der Strom nur von der Anode zur Kathode übergehen, welche in der Gleichstromanlage dann den positiven Pol bildet. Der negative Pol der Gleichstromanlage wird an den Nullpunkt des Wechselstromes gelegt.

In Figur 130 ist der Stromverlauf bei Anschluß an ein Drehstromnetz dargestellt. Über eine Anode tritt abwechselnd der Strom durch die Kathode in die positive Seite des Gleichstromnetzes, läuft durch die Verbrauchsapparate und kehrt über den negativen Leiter zum Nullpunkt zurück.

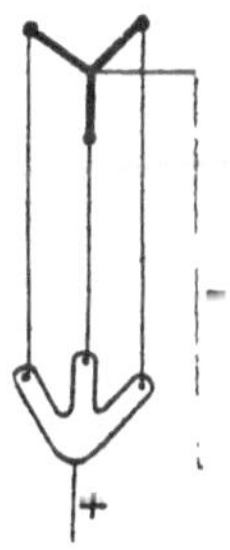

Fig 130.

Fig. 131 stellt einen Glaskolben mit kurzen Armen für eine Belastung von 60 Amp. dar, Fig. 132 einen solchen mit langen, gebogenen Armen, der mit künstlicher Kühlung arbeitet, für 200 Amp.

Im Gleichrichter befindet sich Quecksilber, welches beim Stromdurchgang verdampft wird. Dieser Dampf hat einen hohen Widerstand, wenn der Druck hoch ist, infolgedessen muß dafür gesorgt werden, daß die Röhre möglichst luftleer ist. Durch diese hohe Luftleere wird das Quecksilber vor Oxydation geschützt, so daß der Verbrauch ein sehr geringer ist. In einem Kathodenkühler werden die

Quecksilberdämpfe kondensiert, worauf das Quecksilber in die Kathode zurückfließt. Der Anodenring besteht aus Eisen.

Im Gleichrichter treten Verluste auf, welche aus dem Spannungsverlust beim Übergang von der Anode zur Kathode und in der Gasstrecke bestehen.

Während wir die Größe von Maschinen nach Kilowatt bestimmen, werden die Gleichrichter nach Ampere berechnet. So hat z. B. ein Gleichrichter für 250 Amp. bei 110 Volt eine Leistung von 27,5 kW, bei 500 Volt dagegen eine Leistung von 125 kW.

Da der Gleichrichter einen von der Belastung unabhängigen Spannungsabfall besitzt, so nimmt sein Wirkungsgrad mit der Betriebsspannung zu. Angestellte Versuche haben ergeben, daß folgende Zahlen für den Wirkungsgrad bei verschiedenen Spannungen vorhanden sind:

Spannung in Volt	Wirkungsgrad
100	84
230	92
460	96
525	97
800	97,5
1000	98

Der Wirkungsgrad ist somit in hohem Maße von der Spannung der Gleichstromseite abhängig.

Der in dem Lichtbogen auftretende Spannungsabfall ist beinahe unabhängig von der Belastung. So ergaben Messungen, daß der Wirkungsgrad bei $^1/_4$ Last 92, bei $^1/_3$ Last 93, bei $^1/_2$ Last 94 und bei $^3/_4$ bis Vollast 94,3 betrug.

Um ein dauerndes Arbeiten zu erzielen, ist es nötig, daß der Kathodenfleck nicht zum Erlöschen kommt. Sobald dieser Fleck nur den kleinsten Bruchteil einer Sekunde erlischt, sinkt die Temperatur derart, daß eine Wiederentzündung nicht mehr erfolgen kann.

Um den Gleichrichter in Betrieb zu setzen, wird ein Hilfslichtbogen durch eine Hilfsanode entzündet.

Der Gleichrichter hat nachstehende Vorteile:

Große Überlastungsfähigkeit und Unempfindlichkeit gegen Belastungsschwankungen,

einfachste Bedienung und Inbetriebsetzung, da keine Synchronisierung nötig ist,

geringe Abnutzung, da sich drehende Teile nicht vorhanden sind,

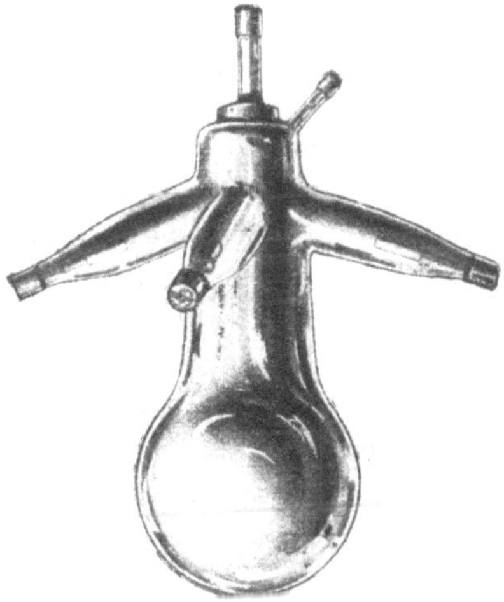

Fig. 131.

der Wirkungsgrad bleibt fast gleich bei den verschiedenen Belastungen,

wegen des geringen Gewichtes sind keine Fundamente nötig,

geräuschloser Betrieb,

einfache Reserve.

Für kleine Stromstärken bis 200 Amp. werden Glaskörper, für größere Stromstärken Eisenkörper benutzt.

Die entnommene Gleichstromspannung steht zu der zugeführten Drehstromspannung stets in einem ganz bestimmten Verhältnis, und zwar ist, wenn man die verkettete

Drehstromspannung mit D, die Gleichstromspannung mit G bezeichnet,

$$D = 1{,}7\ G + 17\ \text{Volt}.$$

Hiernach ergeben sich ungefähr folgende Beziehungen:

Gleichstromspannung in Volt	erforderliche Drehstromspannung in Volt
110	208
120	220
220	390
440	765
500	867

Die Gleichrichter eignen sich für Batterieladungen, wobei sie einen bestimmten Spannungsabfall bei steigendem Strom haben müssen, da sonst kleinere Schwankungen der Drehstromspannung bei dem geringen inneren Widerstande der Batterie sehr große Schwankungen des Ladestromes hervorrufen würden. Der Spannungsabfall wird auf induktivem Wege erzeugt, und Drosselspulenschaltung angewendet. Ferner muß der Gleichrichter mit fortschreitender Ladung die erforderliche höhere Ladespannung liefern können, dies wird entweder dadurch erreicht, daß der Transformator Anzapfungen erhält. Dem Kolben wird dann die höhere Spannung durch einen Regulierschalter zugeführt.

Oder es wird dem Gleichrichter ein großer Spannungsabfall gegeben. Der Gleichrichter wird an den Drosselspulen so eingestellt, daß er bei der bald nach Beginn der Ladung einsetzenden Polarisationsspannung von rd. 2,1 Volt für jede Zelle den Höchstladestrom ergibt. Steigt die Ladespannung, so nimmt der Ladestrom entsprechend ab.

Eine andere Verwendungsart ist die Versorgung von Projektionslampen und Scheinwerfern, ferner zur Speisung von Röntgenapparaten, für Experimentierzwecke usw.

Ein weites Gebiet eröffnet sich den Gleichrichtern in der Versorgung von Gleichstromnetzen, welche an eine Überlandzentrale angeschlossen werden.

Bei Drehstromgleichrichtern wird die Spannung so gewählt, daß die Drehstromspannung zwischen Phase und Null gleich der Gleichstromspannung ist. Der Reguliertransformator muß als Spartransformator ausgeführt werden, sein Nullpunkt wird mit dem Nullpunkt des Transformators verbunden.

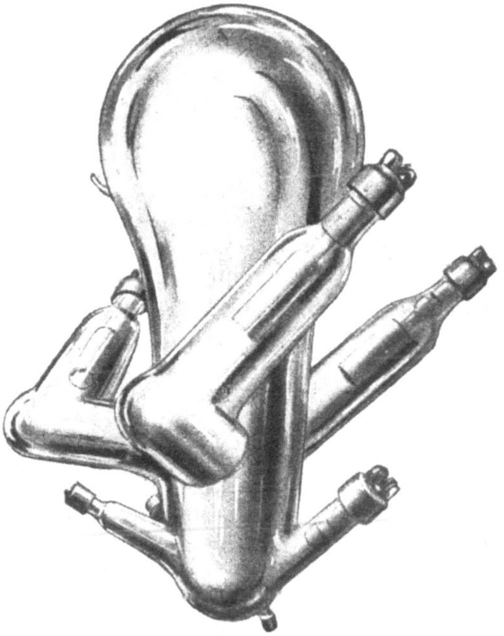

Fig. 132.

Die für Netzbetrieb zu verwendenden Gleichrichter werden für einen Regulierbereich von ± 10% der Gleichstromspannung hergestellt.

Es sei noch erwähnt, daß Gleichrichter für Hebezeuge und Lastmagneten, zur Speisung von Lichtbogenschweißapparaten usw. benutzt werden können.

Sachregister.

Die Zahlen bedeuten die Seiten.

Buchdruckerei für fremde Sprachen Max Schmersow,
Kirchhain N.-L.

FSC
www.fsc.org
MIX
Papier | Fördert
gute Waldnutzung
FSC® C083411

Kolibri 360 GmbH
Ferdinand-Jühlke-Straße 7
99095 Erfurt, Deutschland
produktsicherheit@kolibri360.de